工业控制设备信息安全

尚文利　曹　忠　朱毅明　刘　盈　著

科学出版社
北　京

内 容 简 介

本书是作者在多年从事人工智能原理及其应用课程的教学和多年承担工业控制系统信息安全的科学研究、开发项目的基础上完成的。本书简洁、全面地介绍了工业控制设备信息安全现状、安全要求，系统地介绍了工业控制设备分类、典型工业控制设备的功能与工作原理，阐述了与工业控制设备相关的通用信息安全技术、工业控制设备信息安全防护解决方案、工业控制设备入侵检测技术、可信 PLC 控制系统的设计与开发、边缘智能控制器的信息安全防护技术。

本书可作为计算机科学与技术、网络空间安全等专业高年级本科生、硕士和博士研究生以及从事工业控制系统信息安全技术研究的科研人员的学习参考书。

图书在版编目（CIP）数据

工业控制设备信息安全 / 尚文利等著. -- 北京 : 科学出版社, 2024. 11.

ISBN 978-7-03-079979-1

Ⅰ. TP273

中国国家版本馆 CIP 数据核字第 20244J145R 号

责任编辑：姜　红 / 责任校对：韩　杨

责任印制：赵　博 / 封面设计：无极书装

科学出版社 出版

北京东黄城根北街 16 号

邮政编码：100717

http://www.sciencep.com

北京华宇信诺印刷有限公司印刷

科学出版社发行　各地新华书店经销

*

2024 年 11 月第　一　版　开本：720×1000　1/16

2024 年 11 月第一次印刷　印张：10 1/2

字数：212 000

定价：99.00 元

（如有印装质量问题，我社负责调换）

前 言

工业控制系统（ICS）是工业领域的关键基础设施，实现了工业生产的自动化操作和控制，已经广泛应用于工业、能源、交通和市政等领域。它是我国国民经济、现代社会以及国家安全等重要基础设施的核心系统。

工业控制系统是由各种自动化组件、过程监控组件共同构成，以完成实时数据采集、工业生产流程监测控制的管控系统。根据应用方向的不同，主要分为四种类型：数据采集与监控（SCADA）系统、分布式控制系统（DCS）、现场总线控制系统（FCS）和可编程逻辑控制器（PLC）。

工业控制系统已经成为国家关键基础设施的重要组成部分，也是工业生产运行的基础核心。随着我国工业由传统产业向数字化、网络化和智能化转型升级，网络安全威胁日益向工业领域蔓延。

工业控制设备（DCS、SIS、PLC 等）、工业交换机等关键设备主要依靠国外进口，这些设备如果被预留了“后门”，关键时刻可以窃取、监听生产数据，甚至发起破坏攻击。工业控制设备信息安全防护长期侧重于网络域的“纵深防御”，无法解决内网攻击问题。国内外已开展内生安全研究，研制信息安全型 PLC、DCS 等控制器，从底层向上构筑信息安全体系，解决内网威胁。然而，因控制器、变送器、执行器等工业控制系统测控设备具有低功耗、高可靠、资源受限、可移动等特点，信息安全设计较难，还处于起步阶段，安全性不足。

作者团队于 2012 年初开始工业控制系统信息安全技术的研究，在国家自然科学基金面上项目“边缘控制器安全与可信运行机理方法研究”（62173101）、国家自然科学基金面上项目“面向工业通信行为的异常检测及安全感知方法研究”（61773368）、国家重点研发计划“制造基础技术与关键部件”重点专项项目“测控装备信息安全关键技术”（2018YFB2004200）、国家高技术研究发展计划（863 计划）项目“可编程嵌入式电子设备的安全防护技术及开发工具”（2015AA043901）等持续支持下，积累了十多年的研究成果，包括工业控制设备入侵检测、内生安全防护、可信 PLC 控制系统研制、边缘智能控制器信息安全防护等，整理后形成本书。

在本书的撰写过程中，作者力求做到以下几点。

实用性。在讲清概念的基础上，对工业控制设备内生安全、入侵检测等信息安全防护技术的实现和应用进行归纳总结，以期为读者解决相关问题提供参考和帮助。

简明性。在内容撰写上，力求突出重点、条理清晰、论述全面，同时简单明了，避免内容重复和冗余。

可读性。在内容安排上，力求由浅入深、循序渐进、章节呼应，注重前期科研成果的归纳总结，又阐述了近期相关方向的核心技术和发展趋势。

本书由 7 章构成。第 1 章介绍了工业控制系统的发展趋势与基本结构，工业控制系统信息安全现状与要求，并分析了工业控制设备的脆弱性，以及对工业控制系统信息安全的建议。第 2 章介绍了工业控制系统的分类，以 PLC 控制系统为例，阐述了 PLC 控制系统的特点与功能，介绍了 PLC 的结构、工作原理及主要指令。第 3 章介绍了与工业控制设备相关的通用信息安全技术。第 4 章从系统层面阐述了目前面向工业控制系统的主流信息安全防护解决方案。第 5 章在已有科研成果的基础上，对工业控制设备入侵检测技术进行分类，并介绍了 4 种入侵检测模型。第 6 章介绍了可信 PLC 控制系统的设计与开发，包括硬件设计、可信启动功能设计、固件升级、沙盒技术等内容，实现了 PLC 控制系统的内生安全防护。第 7 章介绍了 PLC 控制系统向边缘智能控制器发展的趋势及边缘智能控制器的概念，介绍了科研团队提出的面向边缘智能控制器的任务卸载和身份认证技术。

特别感谢参考文献中所列专著、教材、高水平学术论文、技术报告等的作者，正是他们的优秀成果为我们提供了丰富的知识，使我们能够在团队科研实践的基础上，汲取各家之长，完成一本有特色的专著。

在本书的撰写过程中，广州大学电子与通信工程学院的曹忠副教授完成了第 7 章的撰写工作，以及全书的多次校对、修改工作；和利时科技集团有限公司中央研究院总工程师朱毅明、宁波和利时信息安全研究院有限公司副总经理刘盈，共同完成了第 6 章的撰写工作，在此深表谢意。

广州大学电子与通信工程学院的硕士研究生胡伟俊、蒋振榜、陈卓、邱嘉伟、卢家越、葛精波、王博文等同学，为本书的材料整理、图表绘制等做了大量的工作，在此表示深深的谢意。

在本书的撰写过程中，作者虽然力求完美，但由于水平有限，书中疏漏之处在所难免，恳请各位专家和读者不吝赐教。

尚文利
2023 年 8 月于广州

目　录

英文缩写表

英文缩写	英文全称	中文全称
ACL	Access Control List	访问控制列表
A/D	Analog-to-Digital	模拟/数字
AE	Alarms and Events	警报和事件
APC	Advanced Process Control	先进过程控制
API	Application Programming Interface	应用程序接口
APT	Advanced Persistent Threat	高级持续性威胁
ARM	Advanced RISC Machines	高级精简指令集处理器
ARP	Address Resolution Protocol	地址解析协议
AT	Automation Technology	自动化技术
CA	Certificate Authority	证书授权中心
CAN	Controller Area Network	控制器局域网
CD	Contrastive Divergence	对比散度
CIP	Control and Information Protocol	控制和信息协议
CM	Call Management	呼叫管理
CNC	Computer Numerical Control	计算机数控
CPLD	Complex Programmable Logic Device	复杂可编程逻辑器件
CPU	Central Processing Unit	中央处理器
CVE	Common Vulnerabilities and Exposures	公共漏洞与暴露
DA	Data Access	数据访问
D/A	Digital-to-Analog	数字/模拟
DAG	Direct Acyclic Graph	有向无环图
DCOM	Distributed Component Object Model	分布式组件对象模型
DCS	Distributed Control System	分布式控制系统
DDC	Direct Digital Control	直接数字控制
DDoS	Distributed Denial of Service	分布式拒绝服务
DDR	Double Data Rate	双倍数据速率
DMZ	Demilitarized Zone	非军事区
DNP	Distributed Network Protocol	分布式网络协议
DoS	Denial of Service	拒绝服务
DTO	Dependent Task Offloading	依赖任务卸载
ECS	Edge Computing Server	边缘计算服务器
EEROM	Electrically-Erasable Read-Only Memory	电擦除只读存储器

续表

英文缩写	英文全称	中文全称
EIC	Edge Intelligent Controller	边缘智能控制器
EPA	Extended Pedestrian A Model	扩展步行 A 模型
EPP	Endpoint Protection Platform	端点防护平台
EPROM	Erasable Programmable Read-Only Memory	可擦除可编程只读存储器
FBD	Function Block Diagram	功能区块图
FCM	Fuzzy *C*-Means	模糊 *C* 均值聚类
FCS	Fieldbus Control System	现场总线控制系统
FPGA	Field Programmable Gate Array	现场可编程门阵列
FTP	File Transfer Protocol	文件传输协议
GA	Genetic Algorithm	遗传算法
GPIO	General Purpose Input/Output Port	通用输入输出端口
GPS	Global Positioning System	全球定位系统
GRE	Generic Routing Encapsulation	通用路由封装
GS	Grid Search	网格搜索
GSM	General System Management	通用系统管理
HM	Handset Management	手持设备管理
HMI	Human-Machine Interface	人机界面
HTTP	Hypertext Transfer Protocol	超文本传送协议
IACS	Industrial Automation and Control Systems	工业自动化与控制系统
ICMP	Internet Control Message Protocol	互联网控制消息协议
ICS	Industrial Control System	工业控制系统
ID	Identity Document	身份证明文件
IDS	Intrusion Detection System	入侵检测系统
IEC	International Electrotechnical Commission	国际电工委员会
IGMP	Internet Group Management Protocol	互联网组管理协议
IIoT	Industrial Internet of Things	工业物联网
I/O	Input/Output	输入/输出
IP	Internet Protocol	互联网协议
IPsec	Internet Protocol Security	互联网络层安全协议
IRT	Isochronous Real Time	等时实时
ISO	International Organization for Standardization	国际标准化组织
IT	Information Technology	信息技术
LD	Ladder Diagram	梯形图
LED	Light Emitting Diode	发光二极管
L2TP	Layer 2 Tunneling Protocol	二层隧道协议
MAC	Media Access Control	媒体访问控制
MCU	Microcontroller Unit	微控制单元
MES	Manufacturing Execution System	制造执行系统

续表

英文缩写	英文全称	中文全称
MIPS	Microprocessor Without Interlocked Pipeline Stages	无互锁流水线微处理器
M2M	Machine to Machine	机器对机器
MMS	Manufacturing Message Specification	制造报文规范
MPLS	Multiprotocol Label Switching	多协议标签交换
MRAM	Magnetic Random Access Memory	磁性随机存取存储器
MSTP	Multiple Spanning Tree Protocol	多生成树协议
NGU	Network Guard Unit	网络防护单元
OA	Office Automation	办公自动化
OCSVM	One Class Support Vector Machine	单类支持向量机
OPC	Open Platform Communications	开放平台通信
OSI	Open Systems Interconnection	开放系统互联
OT	Operational Technology	操作技术
PAC	Programmable Automation Controller	可编程自动化控制器
PC	Personal Computer	个人计算机
PCA	Principal Component Analysis	主成分分析
PCIE	Peripheral Component Interconnect Express	外设部件互连快速
PCS	Process Control System	过程控制系统
PHY	Physical Layer	物理层
PID	Proportional plus Integral plus Derivative	比例积分微分
PL	Progarmmable Logic	可编程逻辑
PLC	Programmable Logic Controller	可编程逻辑控制器
PS	Processing System	处理系统
PSO	Particle Swarm Optimization	粒子群优化
QSPI	Queued Serial Peripheral Interface	队列串行外设接口
RA	Registration Authority	注册机构
RBM	Restricted Boltzmann Machine	受限玻尔兹曼机
RMII	Reduced Media Independent Interface	简化媒介无关接口
RST	Reset	复位
RSTP	Rapid Spanning Tree Protocol	快速生成树协议
RT	Real Time	实时
RTC	Real-Time Clock	实时时钟
RTM	Root of Trust for Measurement	可信度量根
RTU	Remote Terminal Unit	远程终端单元
SCADA	Supervisory Control and Data Acquisition	数据采集与监控
SD	Secure Digital	安全数字
SDK	Software Development Kit	软件开发工具包
SDRL-DTO	Seq2Seq-based Deep Reinforcement Learning Algorithm for Dependent Task Offloading	序列到序列的深度强化学习依赖任务卸载算法

续表

英文缩写	英文全称	中文全称
Seq2Seq	Sequence-to-Sequence	序列到序列
SFC	Sequential Function Chart	顺序功能图
SIL	Safety Integrity Level	安全完整性等级
SIS	Safety Instrumented System	安全仪表系统
SM	Security Management	安全管理
SOAP	Simple Object Access Protocol	简单对象访问协议
SPI	Serial Peripheral Interface	串行外设接口
SQL	Structured Query Language	结构化查询语言
SSL	Secure Sockets Layer	安全套接层
ST	Structured Text	结构文本
STP	Spanning Tree Protocol	生成树协议
SVDD	Support Vector Domain Description	支持向量域描述
SVM	Support Vector Machine	支持向量机
TCP	Transmission Control Protocol	传输控制协议
TE	Traffic Engineering	流量工程
TPM	Trusted Platform Modules	可信平台模块
UA	Unified Architecture	通用架构
UART	Universal Asynchronous Receiver/Transmitter	通用异步接收发送设备
UPnP	Universal Plug and Play	通用即插即用
UDP	User Datagram Protocol	用户数据报协议
USB	Universal Serial Bus	通用串行总线
VC	Virtual Communication	虚拟通信
VLAN	Virtual Local Area Network	虚拟局域网
VMM	Virtual Machine Monitor	虚拟机监视器
VPN	Virtual Private Network	虚拟专用网络
VRF	Virtual Routing and Forwarding	虚拟路由转发
XML	Extensible Markup Language	可扩展置标语言

第1章 绪论

1.1 工业控制系统的发展趋势与基本结构

工业控制系统是实现工业数字化转型升级的核心设备，它主要由适合工业生产控制应用的计算机和网络系统组成。为了避免共同故障、防止故障传播并确保安全生产，现代工业控制系统大都采用去中心化的分布式计算架构。因此，工业控制系统网络通常采用“实时以太网+现场总线+低速无线传感网”的融合架构，以同时满足实时生产数据、视频图像、语音等大流量、低延迟、高速率传输的需求。随着云计算、大数据、人工智能、5G等新一代信息技术的发展，工业控制系统逐步融合多种流行技术，进一步扩展了其应用空间，为实现工业生产过程的数字化、网络化和智能化带来更多机遇。

1.1.1 工业控制系统的发展趋势

计算机网络技术的发展与控制系统的进步紧密相连。早在20世纪50年代中后期，计算机就已经应用于控制系统中。60年代初，出现了由计算机完全替代模拟控制的控制系统，称为直接数字控制（DDC）系统。70年代中期，随着微处理器的问世，计算机控制系统进入了一个新的快速发展时期。1975年，世界上第一套以微处理器为基础的分布式计算机控制系统问世，被称为分布式控制系统（DCS）。该系统以多台微处理器共同分散控制，并通过数据通信网络实现集中管理。

进入80年代以后，微处理器和外围电路构成的数字式仪表取代了模拟仪表。这种仪表的应用提高了系统的控制精度和灵活性，并且在多回路的巡回采样和控制中具有传统模拟仪表无法比拟的性价比。

80年代中后期，随着工业系统的日益复杂和控制回路的进一步增多，单一的控制系统已经不能满足现场的生产控制和管理要求。同时，中小型计算机和微机的性价比有了很大提高。因此，由中小型计算机和微机共同作用的分层控制系统得到了广泛应用。

从80年代后期开始，大规模集成电路的发展使得许多现场设备智能化，人们开始寻求使用一根通信电缆将具有统一通信协议和接口的现场设备连接起来，传输的信号不再是输入/输出（I/O）信号，而是数字信号，即现场总线。由于现场总线解决了网络控制系统的自身可靠性和开放性问题，因此逐渐成为计算机控制系统的发展趋势。自此以后，一些发达的工业国家和跨国工业公司纷纷推出自己的现场总线标准和相关产品。

进入90年代以后，由于计算机网络技术的迅猛发展，DCS的可靠性和可维护性也得到了进一步发展。在当今的工业控制领域，DCS仍然占据着主导地位。然而，DCS不具备开放性，布线复杂，费用较高，不同厂家产品的集成存在很大困难。

随着科技的智能化和经济的全球化发展，工业控制系统的算法逐渐完善，涉及的领域越来越广。这也导致需要培养大量的专业型人才。

1.1.2 典型工业控制系统的基本结构

工业控制系统由各种I/O组件、实时控制组件、数据处理和存储组件、人机交互组件共同构成，旨在完成实时数据采集和工业生产过程控制。SCADA系统、DCS、PLC系统及其他专用控制系统，已广泛应用于电力、水利、石化、医药、食品、汽车、航天等工业领域，成为国家关键基础设施的重要组成部分[1, 2]。作为工业控制系统的重要组件，SCADA系统、DCS和PLC系统各具特点。

SCADA系统是一种通过通信网络和人机交互界面实现数据交互的系统，可实现对现场运行的设备进行实时监视和控制，包括数据采集、设备控制、测量、参数调节及各种信号报警等功能。它包含两个基本层次的功能：数据采集和监控。常见的SCADA系统包括城市市政管网监控、电力行业调度自动化及油气管线监控系统等。

DCS相对于集中式控制系统，是一种新型的计算机控制系统。该系统由过程控制级和过程监控级组成，并以通信网络为纽带，形成了分级式的多级计算机系统结构。其基本思想是分散控制、集中操作、分级管理。DCS广泛应用于流程控制行业，如火电、核电、石油和化工等领域。

PLC系统是一种用于实现工业设备的本体操作和工艺控制的系统，通常被用作SCADA系统或DCS的控制采集层设备。

以上介绍的SCADA系统、DCS及PLC系统属于通用型工业控制系统，提供低代码或无代码的图形组态工具，控制逻辑编程的工作一般由电气工程师或仪表工程师完成，不需要专业的软件开发人员。随着社会的进步，越来越多的领域需要定制化或半定制化的控制系统，这就产生了更多种类的专用工业控制系统，如风电变桨控制器、柴油机控制器、燃气轮机控制器、安全仪表系统等。

总之，在任何一种工业控制系统中，工业控制过程都包括 I/O 组件、控制组件、人机交互组件及运行维护组件。其中，I/O 组件负责与物理世界的电气接口，控制组件负责控制运算，人机交互组件为操作人员提供可视化操作手段，运行维护组件确保出现异常时进行诊断和系统恢复。

工业控制系统组件是工业控制系统的重要组成部分，如图 1-1 所示。

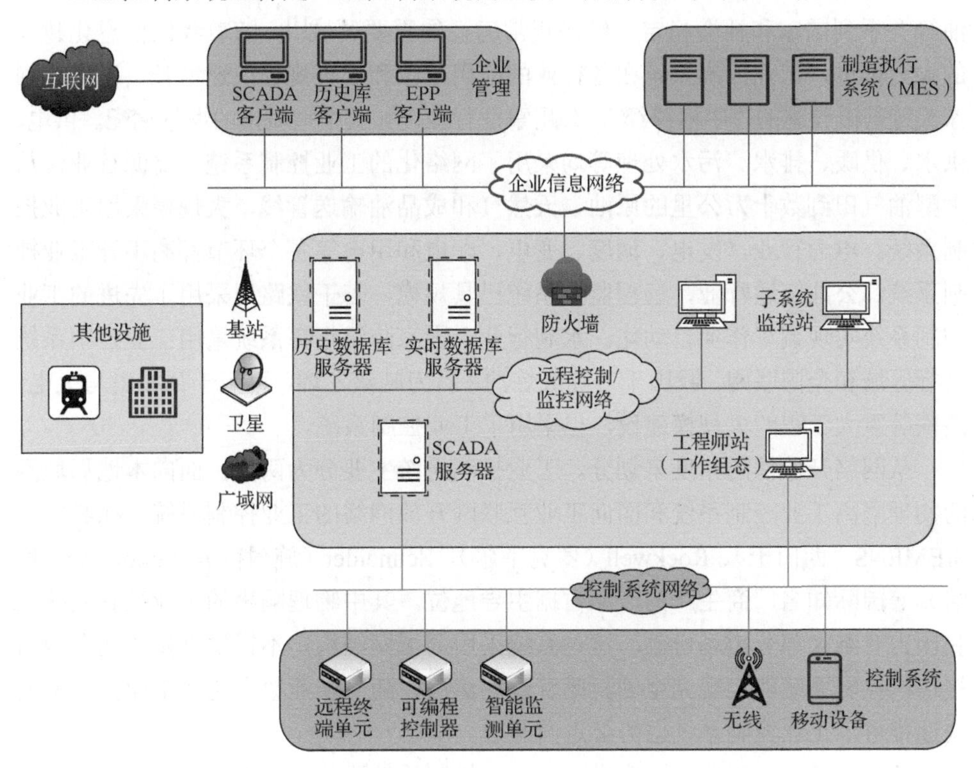

图 1-1 工业控制系统组件

企业网、远程控制/监控网络、控制系统网络和其他设施组成工业控制系统组件。企业网主要用于管理和协调企业内部的各种资源，如人力、物力、财务等，以及与外界进行信息交流和业务合作。远程控制/监控网络则提供了远程监控工业设备的能力，使得工程师可以在不同的地点对工业控制系统进行实时监控。控制系统网络则是工业控制系统的核心，用于处理从传感器采集的数据，并通过执行器对工业设备进行控制。其他设施包括电源、保护装置、辅助设备等，用于保障工业控制系统的稳定运行和安全性。综上所述，工业控制系统组件是各种硬件和软件设备的集合，协同工作以实现工业控制系统的自动化、高效化和安全化。

1.2 工业控制系统信息安全现状

1.2.1 工业控制系统信息安全发展概况

目前，工业控制系统广泛应用于我国的电力、化工、交通、通信、水利和石油等关系到国家和社会稳定、经济正常运行的重要领域[3]。随着我国信息化建设的大力推进，工业控制系统在各行业的应用范围和部署规模快速增长，已成为国家关键基础设施的“中枢神经”。公用事业行业，如大中型城市的燃气输配、供电、供水、供暖、排水、污水处理等均采用了网络化的工业控制系统。能源行业，从大型油气田到数十万公里的原油、天然气和成品油输送管线，大规模采用工业控制系统。电力行业，发电、调度、变电、配电和用电等各个环节都离不开工业控制系统。公共交通行业，远程监控系统已具规模，若干铁路局采用了先进的工业控制系统实现调车作业自动化。水利行业，国家防汛指挥系统采用工业控制系统进行区域和全国联网。我国千万吨级炼油、百万吨级乙烯、百万千瓦核电与火电、高铁等重大工程的大规模建设，也采用了工业控制系统。

从网络开放性的角度来划分，工业控制系统主要分为两类：面向本地局域网的物理隔离工业控制系统和面向工业互联网开放网络的工业控制系统。在我国，SIEMENS（西门子）、Rockwell（罗克韦尔）、Schneider（施耐德）、Yokogawa（横河）等国际知名厂商生产的产品占据主导地位，其中物理隔离的工业控制系统在我国占有绝大部分市场份额。这种系统采用局域网结构，不提供直接的北向网络接口，控制系统能实现完全的封闭管理。然而，随着产业数字化和工业互联网的快速推进，工业控制系统也势必走向开放。

随着信息化与工业化深度融合，工业控制系统正趋于使用通用协议、通用操作系统、通用硬件和软件。现在，以太网和无线设备已经无处不在，整个控制系统都可以和远程终端进行互连。这种发展使得工业控制系统的网络安全问题直接延伸到工业控制系统本身，使得固有漏洞和攻击面不断增加。因为误操作、利益或蓄意报复等原因，业内人士、黑客、犯罪分子等会对我国工业控制系统的信息安全造成威胁。

相比于传统的网络与信息系统，大多数的工业控制系统在开发设计时需要兼顾应用环境、控制管理等多方面因素，首要考虑效率和实时特性。因此，工业控制系统普遍缺乏有效的工业安全防御及数据通信保密措施。特别是随着信息化的推动和工业化进程的加速，越来越多的计算机和网络技术应用于工业控制系统。这虽然对工业生产有极大推动作用，但也带来了诸如木马、病毒、网络攻击等安全问题。特别是在2000年之后，随着通用协议、通用硬件、通用软件在工业控制系统中的应用，对过程控制和SCADA系统的攻击增长了近10倍。针对工业控制系统的攻击主要威胁其物理安全、功能安全和信息安全，以达到直接破坏控制器、通信设备，以及篡改工业参数指令或入侵系统破坏生产设备和生产工艺、获取商业信息等目的。目前，针对工业控制系统的非法入侵事件已经频繁发生在电力、水利、交通、核能、制造业等领域，给相关企业造成了重大的经济损失，甚至威胁国家的战略安全。

1.2.2 工业控制设备共性信息安全问题

工业控制系统中包含很多工业控制设备，这些设备的安全直接影响系统的安全，关系到整个自动化控制的安全。当前这些设备普遍存在以下安全问题[4, 5]：

（1）在工业控制设备的生产过程中，数据采集、传输和处理是必不可少的。上位机系统从控制设备中获取物理状态信息并显示在监控屏幕上，操作员向控制设备发出指令来调节生产过程，都需要通过通信协议进行。然而，传统工业数据传输在封闭、孤立的网络环境中进行，这些协议在设计时很少考虑安全性，导致身份认证和安全鉴别能力不够，无法正确识别通信实体。攻击者很容易通过伪装攻击、重放攻击等方式，冒充合法用户对设备进行非授权访问。因此，身份认证和安全鉴别能力的不足，甚至完全缺失，成为工业控制设备信息安全性的主要威胁之一。

（2）缺乏数据保密性和完整性保护是工业控制设备面临的信息安全问题。一般来说，数据保密性是通过加密技术实现的。与信息技术（IT）系统不同，许多控制设备采用嵌入式操作系统，具有一定的处理能力，但通常性能较低，存储空间较小，且实时性要求高，因此很难实现数据加密功能。这使得攻击者容易截获明文数据。此外，目前大多数工业控制协议仅依靠简单的校验和机制来检测数据在传输过程中是否发生错误，因此攻击者可以对篡改后的数据进行同样的校验和校验。现有的工业控制设备难以防范这类攻击。

（3）缺少访问控制能力。许多控制设备不支持细粒度用户权限分配，使滥用权限攻击成为可能。

（4）无安全审计功能。安全审计旨在通过监控和记录网络及系统运行过程，从中发现攻击痕迹并进行取证分析。通常，IT系统都具备不同程度的安全审计能力，但控制设备普遍缺乏该功能，这给取证分析带来了相当大的难度。

（5）安全漏洞严重且难以修补。随着近年来对工业控制设备信息安全的重视不断加深，控制设备所暴露出的安全漏洞越来越多。这些漏洞主要存在于嵌入式操作系统、控制软件和工业控制通信协议中。据美国工业控制系统网络应急响应小组统计，目前已有数百个工业控制设备相关漏洞。

（6）易受拒绝服务攻击威胁，对系统实时性有潜在影响。学者发现大部分设备都难以抵抗这类攻击。控制设备主要用于采集生产过程中的状态信息并对过程进行反馈，需要具备较高的实时性能，任何延迟都会对生产带来不利影响。在传统的单一封闭环境中，数据传输量通常很少，因此较低性能的控制设备也能满足实时性要求。但一旦面临大流量的拒绝服务攻击，这类设备很容易产生较大的时延，甚至停机。

（7）普遍存在的不必要端口和服务增加了受攻击面。扫描发现许多控制设备存在一些不必要的服务，这些服务本身并不安全，使得控制设备受攻击面增加。

以上问题是工业控制设备主要的共性信息安全问题。只有解决这些问题，才能更好地完成工业生产和控制，节省人力和财力，提高工业化实力。

1.2.3 主要根源和典型信息安全事件

工业控制设备信息安全问题的产生原因有很多，本节将详细介绍导致安全问题的各种根源，并分析历年来各行业典型的工业控制设备入侵事件。

1. 工业控制设备信息安全问题的主要根源

（1）由于信息安全意识不足，现有工业控制设备普遍缺乏信息安全功能，因此在面对网络攻击威胁时极为脆弱。在工业自动化领域中，存在“重功能安全（Safety）、轻信息安全（Security）”的现象。其中，“Safety”主要考虑由于随机硬件故障所导致的组件或系统失效对健康、安全和环境的影响，其主要威胁是随机硬件故障、系统故障等。“Security”是指一系列包含敏感和有价值的信息和服务的进程和机制，不被未得到授权和不被信任的个人、团体或事件公开、修改或损坏。“Security”还面临病毒、黑客等威胁。为了更清晰地描述这一点，《工业自动化和控制系统的安全 第2-4部分：IACS服务提供商的安全程序要求》（IEC 62443-2-4，2015）将工业控制设备信息安全威胁分为4种类型：偶然故障、普通黑客攻击（仅拥有少量资源、一般技术和简单动机）、有组织攻击（拥有较多资源、针对性的技术和目的）和网络战攻击（拥有大量资源、针对性技术和明确的目标）。为促进工业控制设备的功能安全，国际上已制定了一系列标准［包括《电气/电子/可编程电子安全相关系统的功能安全性》（IEC 61508）、《过程工业领域安全仪表系统的功能安全》（IEC 61511）等]，并开展了基于安全完整性等级（SIL）的功能安全认证。与此相比，工业控制设备的信息安全保护滞后，没有与工业自动化发展同步规划、同步建设。

（2）工业控制技术的标准化与通用化使得工业控制设备信息安全漏洞挖掘相对容易，导致工业控制设备脆弱性逐渐暴露出来。以前，传统工业控制设备普遍采用专用化设计，其硬件、软件和通信协议均为私有，不为外界所知。但如今，自动化厂商开始开放其专用协议，并发布协议规范，以使第三方制造商能够生产兼容配件，并开始使用标准化的商业产品［如 VxWorks、Linux、Web（万维网）服务包等］来降低成本、提高设备通用性。这些都使得黑客能够轻易获取产品设计细节，从而发现设备信息安全漏洞。

（3）工业控制网与企业网被互联网连接扩宽了网络攻击渠道，使得工业控制设备直接暴露在潜在的网络攻击之下。随着生产管理和业务需求的不断发展，许多企业开始将工业控制系统、制造执行系统和企业资源管理系统进行互联，甚至接入互联网，以便企业决策者、合作伙伴及时获得生产信息。这种互联一方面显著提高了企业生产效率，另一方面也导致攻击者能够通过企业网甚至是互联网直接攻击控制网络和工业控制设备。例如，美国工业控制系统网络应急响应小组曾发出警告，攻击者可能会利用搜索引擎来发现暴露在互联网上的SCADA系统。

（4）智能化技术促进了传统工业控制设备的升级，提高了工业自动化程度，但同时也带来了额外的风险。传统控制终端（如检测仪表、传感器等）通常被认为是哑终端，几乎不具备计算处理功能，单向传输数据，因此不易受到网络攻击的威胁。但现在智能化发展使得智能仪表、智能传感器等越来越多地应用于自动化控制中。这些智能仪表具备了计算、存储、通信等功能，并大量部署在野外，其物理安全难以保证。通过攻击这些智能终端设备，不仅会对设备本身带来破坏，甚至有可能进一步攻击控制中心。近来发生的智能电表攻击、医疗设备攻击就是典型案例。随着物联网、智能工业、智能交通、智能电网的快速发展，由智能终端带来的风险将不容忽视。

（5）工业环境的独特性使得工业控制设备更新缓慢，难以升级。与 IT 设备不同，工业控制设备通常应用于工业生产中，运行周期为十几年甚至更长时间。由于系统复杂、生产实时要求高、升级存在不确定风险，因此这些设备在整个运行过程中很难进行升级和替换。当面临恶意人为攻击时，这些老旧设备面临更大的风险[6-10]。

2. 近年典型工业控制设备信息安全事件

随着 TCP/IP 网络通信技术广泛应用，SCADA 系统将面临传统信息网络所面临的病毒、蠕虫、木马、黑客等威胁[7]。

下面将介绍部分在 2020～2022 年发生的典型的工业控制设备信息安全相关事件，通过这些事件，可以了解针对工业控制网络进行攻击的技术趋势，为有效应对未来攻击事件设计更有效的对抗策略[8-11]。

2020 年 2 月，美国网络安全和基础设施安全局发布了一份公告，称一家未公开名字的天然气公司因遭受勒索软件攻击后，被迫关闭设施两天。同年 4 月，葡萄牙能源公司遭受勒索软件攻击，被索要 1090 万美元赎金[8]。

2020 年 4 月，以色列的废水处理厂、泵站、污水处理设施的 SCADA 系统多次遭受黑客攻击。这些攻击源于互联网上的 PLC 设备。攻击者攻破后，可以直接控制相关水利设施，造成巨大破坏[9]。

2020 年 6 月 8 日，安全专家披露了一个名为“Call Stranger”（漏洞编号为 CVE-2020-12695）的新型 UPnP 漏洞，该漏洞影响数十亿台设备，已确认受到影响的设备包括 Windows 系统 PC、Xbox，以及华硕、贝尔金、博通、思科、戴尔、D-Link、华为、NETGEAR、三星、TP-Link、中兴等公司的电视和网络设备。该漏洞可能会被远程、未经认证的攻击者滥用，进行反射 DDoS 攻击、绕过安全系统进行内网渗透，以及内部端口扫描[9]。

2021 年 4 月，美国联邦调查局和美国网络安全和基础设施安全局发出告警，声称有 APT 组织正在利用飞塔 FortiOS 网络安全操作系统中的已知漏洞，影响飞塔 SSL VPN 产品。告警中称，攻击者正在扫描 4443 端口、8443 端口和 10443 端口上的设备，找寻未修补的飞塔安全设备，也正在利用 CVE-2018-13379、CVE-2019-5591 和 CVE-2020-12812 进行攻击，通过扫描这些漏洞，以获取政府、商业网站等访问权限，以及利用关键漏洞进行 DDoS 攻击、勒索软件攻击、SQL 注入攻击、钓鱼攻击及网站篡改等活动[10]。

2021 年 5 月 7 日，美国最大的燃油管道运营商科洛尼尔管道运输公司因受勒索软件攻击被迫关闭了其在美国东部沿海各州的关键燃油网络。此次勒索攻击使美国三个区域受到了断油的影响，共涉及 17 个州。5 月 9 日，美国联邦汽车运输安全管理局发布区域紧急状态声明，放宽了 17 个州和华盛顿哥伦比亚特区对携带汽油、柴油、喷气燃料和其他精炼石油产品运输司机的服务时间规定，允许他们采用额外或更灵活的工作时间，以减轻管道中断导致有关燃料短缺的影响[10]。

2022 年 2 月 24 日，国际黑客团体“匿名者”攻击了今日俄罗斯电视台网站。截至 2022 年 2 月 28 日，“匿名者”先后对俄罗斯关键基础设施进行网络攻击，攻击目标包括交通、能源、政府、军队及银行等。例如工业气体控制系统、俄罗斯联邦储蓄银行、私人银行、国家电视台、军事通信政府网站及国防部网站等均遭受攻击[11]。

2022年3月，网络安全公司Claroty的研究人员在Rockwell的PLC平台中发现了两个高危漏洞，攻击者可以远程利用这些漏洞修改自动化流程，破坏工厂运营，对工厂造成物理损坏或采取其他恶意行为[11]。

2022年4月，攻击者利用BOA Web服务器的多个漏洞，包括一个高危级别的信息泄漏漏洞（CVE-2021-33558）和一个任意文件访问漏洞（CVE-2017-9833），成功入侵印度电网[11]。

1.3 工业控制系统信息安全要求

1.3.1 工业控制系统存在的信息安全隐患

目前工业控制系统存在许多信息安全隐患，包括操作系统漏洞、硬件平台隐患、防病毒体系隐患、管理制度问题等[7]。

（1）操作系统漏洞。目前，大多数工业控制系统为了节约成本和使用便利采用微软Windows操作系统，但是操作系统存在漏洞。考虑系统的稳定性和网络状况等因素，一旦系统调试完成后，管理员很少再对系统进行升级，导致系统中存在的各种等级的安全漏洞无法被修补。同时，部分设备采用国外的操作系统、控制组件，未实现自主可控，设备存在被恶意控制、中断服务、数据被篡改等风险[12]。

（2）硬件平台隐患。基于成本的考虑，目前大部分现场控制站采用嵌入式设备，而不是服务器或工业控制计算机。然而，这些嵌入式设备在安全防护方面存在较大的差距。同时，现有的控制专用设备在设计时没有考虑到恶意攻击的问题，部分控制器没有对通信的数据包大小及格式进行严格检查。如果攻击者向其发送畸形数据包，就可能导致工业控制设备停机，从而造成巨大的损失。

（3）防病毒体系隐患。工业控制系统对可靠性要求极高，因此防病毒产品必须经过严格测试才能安装到软件平台上。此外，必须对防病毒产品的一些功能进行严格限制，以防止其消耗过多资源，对工业控制系统造成影响。然而，许多工业控制系统管理员从方便业务的角度出发，并没有安装防病毒产品或没有开启全病毒库扫描模式，从而无法抵御计算机病毒的入侵。

（4）管理制度问题。目前，工业控制系统使用单位普遍没有针对移动存储介质的管理规定，或者规定制定力度不够，缺乏必要的监管手段，这是工业控制系统信息安全的一个重要威胁。特别是在物理隔离的工业控制系统中，移动存储介质成为计算机病毒传播的主要途径。

随着IT的迅猛发展和企业管理需求的不断提高，企业的工业控制系统和管理系统逐渐实现了“两化融合”，并能够直接进行通信，甚至连接互联网。工业控制网与企业网因连接互联网扩宽了网络攻击渠道，使得工业控制系统直接暴露在潜在的网络攻击之下。主要问题包括[13, 14]：

（1）网络结构复杂。工业控制系统采用各种工业控制通信协议，而管理网络普遍采用标准的TCP/IP协议，网络管理员在进行网络分配和管理时面临困难。

（2）网络防护设备滞后。大部分工业控制系统的通信协议基于微软的DCOM协议，其采用不固定的端口号，传统的防火墙和网闸无法保障其安全性。

（3）网络攻击威胁严重。工业控制系统连接互联网后，面临来自网络的各种攻击。

（4）在IT系统中存在的攻击行为逐渐向工业控制系统蔓延，导致工业控制系统面临类似IT网络的诸多信息安全问题。

1.3.2 工业控制系统相关信息安全要求

工业控制系统的信息安全对于国家的网络安全至关重要。为了有效应对网络攻击的新变化，作者有以下几个方面的建议。

1. 加强信息安全威胁分析等基础技术研究

为了应对关键基础设施及其控制系统面临的新型网络威胁，相关科研机构应该开展针对这些威胁的跟踪研究，分析其主要特征和关键技术。同时，相关科研机构还应该有针对性地开展网络态势感知、大数据分析、漏洞挖掘等技术研发，并搭建相关技术平台，以提高国家在信息安全风险隐患发现、监测预警等方面的能力。这些举措将有助于提升我国在信息安全领域的实力。

2. 加强关键基础设施及其控制系统的安全评估

为了加强关键基础设施及其控制系统的安全保障，相关国家机构应该制定相关标准，包括安全检查和风险评估。同时，还需要加快培育专业技术力量，组织进行安全检查和风险评估，以督促相关企业建立信息安全防护体系，并落实信息安全技术防护和管理措施。通过检查和评估，相关企业可以发现安全防护中的薄弱环节，针对性地提出风险消减和改进防范措施，以提高关键基础设施及其控制系统的安全性和可靠性。

3. 加快推动国产技术产品对国外产品的替代

针对我国关键基础设施及其控制系统中IT产品高度依赖进口的现状，相关科研机构应该加强高端通用芯片、操作系统等基础技术攻关，以支持国内企业基于国产芯片研发IT装备、大型SCADA系统等控制设备和系统。同时，国内企业应该加快国产技术产品的应用推广，并落实首台套政策，逐步实现对国外产品的替代。

4. 联合开展针对关键基础设施的网络攻防演习

为了提升关键基础设施的网络安全防护能力，关键基础设施主管部门及相关企业应该开展针对关键基础设施的网络攻防演习。通过模拟攻击，检验关键基础设施对网络攻击的承受能力，以及攻击发生后的应急处置和应对能力。在实践中摸索建立企业和政府间的威胁信息共享、协同应急处置等机制，以提升关键基础设施的整体安全防护水平。

5. 搭建工业控制系统漏洞检测等公共技术平台

为了提升工业控制系统的网络安全防护能力，相关行业协会应该建立国家级工业控制系统数字仿真测试环境，通过实验室测评、现场评估、渗透测试等方式，对工业控制系统进行网络脆弱性评估。同时，相关行业协会还应该建立国家级工业控制系统漏洞检测和管理发布平台，对工业控制终端、通信设备及芯片、软件等软硬件产品进行漏洞检测，并建立工业控制系统漏洞数据库。这些举措将有助于发现工业控制系统中的安全漏洞和薄弱环节，及时采取措施加以解决，提高工业控制系统的整体安全性和可靠性。

1.3.3 工业控制系统的信息安全防护措施

工业控制系统信息安全是我国信息安全保障的重要内容。为了有效防范工业控制系统面临的信息安全问题，可以采取多种有效措施，进行综合防范。

1. 建立工业控制系统信息安全防护体系

随着“两化融合”工作的推进，信息化和工业化紧密结合，各行业之间的互联和互通已成为信息化发展的趋势。基础保障行业如电力、石化等，以及新兴行业如物联网，都需要各系统之间的高度融合。然而，这也带来了越来越多的信息安全威胁。因此，在中国的工业控制系统中，需要一种基于终端可用性和安全性兼顾的信息安全解决方案，以满足工业控制系统的信息安全需求。在“两化融合”的背景下，工业网络中控制网络和管理网络并存，因此，这种解决方案需要根据不同业务终端的信息安全需求和等级，制定相应的防御策略和保障措施，实施分层次的纵深防御体系。

为了有效保障我国工业控制系统的安全运行，需要加强对工业控制系统信息安全防护工作的组织领导和宏观规划，并制定相应的信息安全防护体系建设方案。针对我国工业控制系统的信息安全现状，主要从以下两个方面进行安全防护。

首先，需要建立立体防护架构，通过建立“三层架构，二层防护”的体系，对工业企业信息系统进行分层、分域、分等级划分，从而对其操作行为进行严格的排他性控制，确保对工业控制系统操作的唯一性。

其次，需要建立信息安全管理平台，通过工业控制系统信息安全管理平台，确保人机交互组件、管理机和通信设施的信息安全可信，从而提高工业控制系统的信息安全性。

通过以上两方面的信息安全防护措施，能够有效地保障我国工业控制系统的信息安全运行。

2. 加强针对工业控制系统的等级保护工作

为了保障工业控制系统的正常运行，需要结合等级保护工作，对其进行安全检查。在检查过程中，需要发现工业控制系统存在的脆弱点和安全隐患，并评估安全事件一旦发生可能造成的危害。基于评估结果，提出有针对性的防护措施，以防范和化解安全风险，并为保障系统的正常运行提供科学依据。

具体而言，通过等级保护工作，可以对工业控制系统进行分类和分级，并根据其等级制定相应的安全防护措施。在安全检查过程中，需要对系统进行全面的安全漏洞扫描和风险评估，并提出相应的修复和加固措施。同时，需要对系统进行安全监控和日志审计，及时发现和响应安全事件，以保障系统的安全和稳定运行。

通过以上工作，可以有效提高工业控制系统的安全性和可靠性，减少安全风险和安全事件的发生，为系统的正常运行提供有力保障。

3. 加强工业控制系统信息安全防护技术的研发

与传统信息系统防火墙相比，工业控制系统防火墙技术[15]具备状态检测能力、状态分析功能、对于工业控制协议的支持能力和能够满足工业控制系统实时性要求等特点。

在研发方面，需要加强对工业控制系统的信息安全基础理论和关键技术的研究，深入探讨工业控制系统的信息安全机制、信息安全架构、信息安全策略等方面的问题，并提出相应的解决方案。同时，需要积极开展针对工业控制系统的信息安全防护手段和技术产品的研发，研制更加智能、高效、可靠的信息安全防护设备和软件，以满足工业控制系统的信息安全需求。

特别是针对基于微软DCOM协议的工业控制网络，需要研发专门的防火墙。这种防火墙需要具备对DCOM协议的深度解析和识别功能，能够有效地检测和拦截DCOM协议的攻击，保障工业控制网络的安全运行。

通过加强科研力量，可以不断提升工业控制系统的信息安全防护水平，有效地保障工业控制系统的信息安全和稳定运行。

1.4 工业控制设备脆弱性分析

在信息安全服务中，脆弱性是指资产或资产组中存在的可能被威胁利用并造成损害的薄弱环节，也称为弱点或漏洞。一旦脆弱性被利用，就可能对资产造成损害。漏洞可能存在于物理环境、组织、过程、人员、管理、配置、硬件、软件和信息等各个方面。对脆弱性进行分析，需要从以下几个方面入手。

1. 策略、政策及管理的脆弱性

脆弱性是指计算机系统在硬件、软件、协议的具体实现或者系统安全策略上存在的不足或缺陷。在现代工业控制系统中，由于系统已经从原先的封闭“孤岛”转变为一个全面开放的系统，因此需要新的安全理念、安全策略和管理流程。以下是一些可能存在的脆弱性。

（1）管理控制系统的政策、程序不足，缺乏安全意识和安全培训。这可能导致管理员缺少安全管理经验，无法有效地制定和实施安全策略。

（2）远程访问缺乏合适的访问控制策略。如果未能采用适当的身份验证和访问控制机制，攻击者可能会通过远程访问入侵系统，从而危及系统的安全。

（3）对核心支持设备管理、设计和实现不恰当也可能存在脆弱性。如果这些设备未经妥善管理，或者设计和实现存在缺陷，攻击者可能会利用这些漏洞入侵系统。

2. 工业控制设备的脆弱性

现代工业控制设备广泛采用PC和通用操作系统，但由于其用于不间断的生产控制，在运行期间不允许停机检修更新软件，使得工业控制设备PC终端更新缓慢，并引入漏洞且长久得不到修复。例如，工业控制设备中使用的系统管理机制和软件没有得到充分审查或维护，不安全的无线通信被用于控制；工具应用不足，不能检查和报告异常；未经授权的应用软件或硬件设备被接入控制系统网络。

3. 工业控制网络的脆弱性

工业控制网络由两部分组成：一部分是与外部连接的网络，仍然是传统的以太网网络，使用 TCP/IP 协议；另一部分是内部的实时网络，使用工业控制网络的专有协议。这两部分在设计之初都没有考虑安全需求，仅为完成传输功能而设计。网络的脆弱性来自三个方面：协议的设计只考虑可用性；软件存在漏洞且配置不合理；网络边界不明确，非专用通信通道用于传输控制信号或者在控制信号专用通道上传输其他信号。

脆弱性具体表现为以下几个方面：不恰当的输入验证、许可、授权和访问控制不严格，不恰当的身份验证，验证数据真实性不足，差的代码质量指标，工业控制系统软件配置维护不足，凭证管理不严，使用的加密算法已过时，网络设计孱弱，审计问责制度薄弱等。

工业控制系统的脆弱性通常不是单一存在的，而是政策、设备和网络脆弱性共同存在的。以 DCS 中的工业无线传感网络为例，存在设备脆弱性，如传感器大多采用单片机无操作系统的裸跑设计，基本上没有信息安全防护措施，还有新出现的硬件木马；存在网络脆弱性，如在通信上存在噪声、多信道干扰、能量衰减、信息容量下降等问题。另外，工业控制信号都是实时信号，无线传输存在时延问题，采用高级加密与认证技术不合适，导致其信息易被恶意盗窃和篡改。由于无线连接，任何在传输范围内的设备都可以轻松接入网络，数据易被窃听和非法篡改，针对 SCADA 系统攻击，甚至破坏传感器和捕获传感器。此外，政策脆弱性也存在，新兴的无线网络需要新的通信协议和管理策略，目前还不完善。

1.5 工业控制系统信息安全建议

工业控制系统的未来发展将决定工业控制系统信息安全领域的发展方向。自 2000 年以来，通用通信协议、通用软件、硬件及 TCP/IP 技术的普及，使工业控制网络实现了一体化，极大地提升了工业控制系统的自动化水平和效率。然而，这种一体化也带来了安全风险，因为这些技术原本并非专为工业控制系统设计，缺乏必要的安全防护措施。这些技术的应用导致工业控制系统面临更多的信息安全威胁，并暴露出诸多安全隐患。虽然各国致力于工业控制系统信息安全研究，但目前形势仍然较为严峻。最近的调查报告显示，以太网和现场总线成为使用最为广泛的工业控制系统通信方式，通信协议的单一化势必会为工业控制系统信息安全带来新的挑战。此外，提供工业安全技术或服务能力的企业数量极少。因此，工业控制系统信息安全需要国家和企业进一步重视。

为了提高整个工业控制系统的物理安全、功能安全和信息安全，从技术和管理两个层面，具体措施的操作步骤归纳如下。

（1）对现有的工业控制系统进行安全风险评估的过程包括了解工业控制系统的网络结构、漏洞，并评定整个系统的风险等级。

（2）针对系统的风险等级，相关政府机构需要从技术和管理角度制定相关的政策和规程。例如，升级防火墙、操作系统、数据库，加强系统访问的权限管理，定时安装安全系统补丁等。

（3）对系统各个组件功能进行严格管理，包括禁用控制器或其他关键设备上的对外接口、修补已知的系统漏洞，以及确保将配置选项设定为最安全的级别。

（4）对控制系统及系统外人员（如供应商、维修维护人员等）进行信息安全意识培训，需要制订相关培训计划，确保员工熟悉并遵守制定的相关规程和制度。

工业控制系统在当今的企业发展中具有举足轻重的作用。人们利用不同种类的组件辅助不同领域的发展，随着计算机技术的进步和各种算法的完善，工业控制系统有着美好的发展前景。然而，随之而来的困难也很多，确保系统的信息安全是一大挑战。但是，在人们的不懈努力下，许多问题已经迎刃而解。相信在不久的未来，工业控制系统将覆盖更多的领域，更好地为人类发展服务。

1.6 本章小结

通过对本章的学习，读者可以了解到工业控制系统的基本架构，包括 SCADA、DCS、PLC 等系统的功能和特点。同时，读者可以了解到工业控制设备信息安全所面临的现状和挑战，包括身份认证、数据保密性和完整性、访问控制、安全审计等方面。此外，读者还可以了解到工业控制设备的脆弱性，以及工业控制系统信息安全的发展趋势，为后续章节的学习和实践奠定基础。

参考文献

[1] 安成飞，周玉刚. 工业控制系统网络安全实战[M]. 北京：机械工业出版社, 2021.

[2] 王振力，刘博. 工业控制网络[M]. 北京：人民邮电出版社, 2012.

[3] 尚文利，王天宇，曹忠，等. 工业测控设备内生信息安全技术研究综述[J]. 信息与控制, 2022, 51(1): 1-11.

[4] 谢丰，彭勇，赵伟，等. 工业控制设备安全测试技术[J]. 清华大学学报(自然科学版), 2014, 54(1): 29-34.

[5] 曹国彦, 潘泉, 刘勇, 等. 工业控制系统信息安全[M]. 西安: 西安电子科技大学出版社, 2019.

[6] 赖英旭, 杨震, 范科峰, 等. 工业控制系统信息安全[M]. 西安: 西安电子科技大学出版社, 2019.

[7] Yan K, Liu X, Lu Y D, et al. A cyber-physical power system risk assessment model against cyberattacks[J]. IEEE Systems Journal, 2023, 17(2):2018-2028.

[8] 绿盟科技. 2020 网络安全观察[R/OL]. (2021-01-28)[2023-06-11]. https://book.yunzhan365.com/tkgd/qkpf/mobile/index.html.

[9] 绿盟科技. 2020 物联网安全年报[R/OL]. (2021-01-18)[2023-06-11]. https://book.yunzhan365.com/tkgd/tehn/mobile/index.html.

[10] 绿盟科技. 2021 网络空间测绘年报[R/OL]. (2022-01-26)[2023-06-11]. https://book.yunzhan365.com/tkgd/ccfz/mobile/index.html.

[11] 绿盟科技. 2022 年度网络空间测绘报告[R/OL]. (2023-03-20)[2023-06-11]. https://www.nsfocus.com.cn/html/2023/92_0320/200.html.

[12] 余勇, 林为民. 工业控制 SCADA 系统的信息安全防护体系研究[J]. 信息网络安全, 2012(5): 74-77.

[13] 颜世峰, 栾贵兴, 李莉. TCP/IP 网络的攻击方式与安全策略[J]. 小型微型计算机系统, 2001(7): 796-799.

[14] 蒋宁, 林浒, 尹震宇, 等. 工业控制网络的信息安全及纵深防御体系结构研究[J]. 小型微型计算机系统, 2017, 38(4): 830-833.

[15] Cheminod M, Durante L, Seno L, et al. Performance evaluation and modeling of an industrial application-layer firewall[J]. IEEE Transactions on Industrial Informatics, 2018, 14(5):2159-2170.

第2章

工业控制系统基础

■ 2.1 工业控制系统分类

工业控制系统是工业领域的关键基础设施，实现了工业生产的自动化操作和控制，已经广泛应用于工业、能源、交通和市政等领域。

传统的工业控制系统由控制器、传感器和执行器等设备组成[1]。随着工业以太网等信息技术的发展，工业控制系统通信协议可以实现基于 TCP/IP 技术的信息传输，这使得工业控制系统已经形成了功能控制与信息传输相融合的网络控制结构。而现代工业控制系统的体系架构主要由现场设备层、控制层和信息管理层组成[2]。现场设备层主要包括传感器、变送器和 I/O 设备等，这些设备通过总线数字或模拟信号的方式与控制器进行信息交换；控制层则是实现功能控制的 PLC、DCS 等系统的控制中心，根据控制程序实现对现场设备层的数据采集和设备控制，以保障工业生产的稳定和可靠运行；在信息管理层，人机监视、服务器、生产管理调度系统等设备利用网络通信技术与企业网或互联网相连接，实现了工业生产信息的实时监控与管理[3, 4]。

工业控制系统（ICS）根据应用方向的不同，主要分为四种类型：数据采集与监控（SCADA）系统、分布式控制系统（DCS）、现场总线控制系统（FCS）和可编程逻辑控制器（PLC）[5]。

1. 数据采集与监控（SCADA）系统

SCADA 系统在工业控制系统的管理和控制中起着关键作用，可以部署在能源、石油和天然气分配系统、运输监控和生产系统[6]。SCADA 系统是工业生产调度自动化系统的基础和核心，一般应用于电网、水利、地铁、公路、长输油气管线、市政管网等基础设施或大型工业装备的生产监控。SCADA 系统通过采集和存储来自生产现场的各种结构化和非结构化数据，提供实时历史数据服务和可视化操作界面，完成生产调度、远程操作、报警处理、设备监控、能源管控、数据分析等生产监控功能。SCADA 系统主要由远程终端单元（RTU）、网关、实时服务器、历史服务器、应用服务器、操作站和工程师站等组成。RTU 用于采集数据和控制现场设备，网关用于与现场设备进行通信，实时服务器用于处理实时数据，历史服务器用于存储历史数据，应用服务器用于运行监控应用程序，操作站用于实时监控和操作生产过程，工程师站用于进行系统配置和管理。

SCADA 系统通常采用层级化结构，每个层级由一个主站和多个子站组成（子站可以是 RTU 或其他自动化系统）。主站通常位于调度控制中心，子站安装在厂站端。主站通过广域网或虚拟专用网络（VPN）实现与子站的通信，完成数据采集、监测和控制。主站不仅接收子站的信息，还以数据通信的方式接收从下级调度控制中心主站转发来的信息，并向上级调度控制中心主站转发本站的信息。厂站端是 SCADA 系统的实时数据源，也是进行控制的目的地。SCADA 系统的层级化结构有助于实现分布式管理和控制，提高了系统的可靠性和可扩展性。

SCADA 系统中，主站的数据服务器完成数据的预处理和持久化存储，并通过推送或订阅的方式将获得的数据提供给应用服务器进行后续的数据分析处理。操作站则向操作人员提供可视化操作界面，完成生产调度、设备监控、远程控制等操作。操作站的界面通常采用图形化的方式，以便操作人员能够直观地了解生产过程的状态和控制信息。操作站不仅可以实现对单个设备的控制和监测，还可以对整个生产过程进行综合管理和调度。SCADA 系统的操作站和数据服务器之间通过网络连接，实现了实时数据的传输和共享，保证了系统的高效运行和数据的准确性。

2. 分布式控制系统（DCS）

DCS 是由多个以微处理器为核心的过程控制采集站，分别分散地对各部分工艺流程进行数据采集和控制，并通过数据通信系统与中央控制器各监控操作站联网，对生产过程进行集中监视和操作的控制系统[7]。其基本思想是分散控制、集中操作、分级管理、配置灵活及组态方便。DCS 满足了大型工业生产和日益复杂的过程控制要求，从综合自动化的角度出发，按照功能分散、管理集中的原则构思，采用了多层分级、合作自治的结构形式。DCS 的过程控制级和过程监控级通过通信网络进行连接，实现了分布式监测和控制。DCS 具有模块化、可扩展性、可靠性和灵活性等特点，可以对工业生产过程进行精细化控制和管理，提高生产效率和产品质量。

DCS 网络是分布式控制的基础，对整个系统的实时性、可靠性和可用性起着决定性作用。因此，对于 DCS 网络来说，它必须满足实时性的要求，即在“确定”的时间限度内完成信息的传送。这里所说的“确定”的时间限度，是指无论在何种情况下，信息传送都能在这个时间限度内完成，而这个时间限度则是根据被控制过程的物理特性确定的。因此，衡量系统网络性能的指标并不仅是网速，即通常所说的每秒传输比特数（bit/s），而是系统网络的实时性，即能在多长的时间内确保所需信息的传输得以完成。实时性是 DCS 网络最重要的指标之一，它直接影响到系统的控制精度、稳定性和可靠性。为了保证 DCS 网络的实时性，需要采取一系列措施，包括网络拓扑优化、数据压缩和加密、网络负载均衡和故障恢复等。

3. 现场总线控制系统（FCS）

现场总线是一种数字通信网络，被广泛应用于工业自动化控制系统中，引发了自动控制领域新革命[8]。它可以取代设备级的模拟量和开关量信号，实现数字化通信。现场总线的通信速度中等，适用于车间级与设备级之间的通信。通过现场总线，工业自动化控制系统可以实现更加高效、智能化的运行。

现场总线是一种数字式、双向串行、多节点的通信总线，根据 IEC/TC65/SC65C（国际电工委员会第 65 技术委员会第 65C 分委员会）的定义，它被安装在制造或过程区域的现场装置之间，以及现场装置与控制室内的自动控制装置之间。现场总线是 FCS 的基础，FCS 是在现场总线的基础上发展起来的全数字控制系统。由于现场总线的双向串行和多节点特性，它能够实现高效、快速、准确的数字通信，从而提高工业自动化控制系统的运行效率和智能化程度。

现场总线技术实现了智能仪表或 I/O 模块与上位机或其他控制器之间的串行通信过程。FCS 的特点是智能仪表或 I/O 模块采集现场信号后，通过现场总线直接传输到智能执行器，完成闭环控制计算。与此不同的是，DCS 的控制运算是在控制站或分布式处理单元完成。随着计算机和网络技术的发展，DCS 和 FCS 逐渐融合，同时支持基于智能执行器和基于控制站的混合控制模式。这种融合使得 FCS 和 DCS 之间的界限变得模糊，同时也使得工业自动化控制系统更加智能化和高效化。

4. 可编程逻辑控制器（PLC）

PLC 中的存储器具有可编程功能，通过其内部的各种操作指令（顺序、逻辑、计时等）和数字量或模拟量的输入和输出，进而控制外接输出设备[9]。PLC 的设计初衷是易于编程和重新编程，易于维护和维修，体积小且比继电器电路便宜，同时能够在工厂内运行并能够与上位机通信。现代 PLC 能够执行开关信号、脉冲信号和模拟信号的输入和输出，实现算术运算、组合逻辑、时序逻辑、PID 控制和运动控制功能。PLC 一般由电源、处理器、I/O 模块和通信模块等组成。小型 PLC 通常是一体化设备，而中大型 PLC 的模块通常是独立的和可互换的，使得维护更容易、安装更灵活。每种类型的多个模块和具有不同功能的模块可以根据要控制的系统的要求组合在一起。PLC 的广泛应用使得工业自动化控制系统更加高效、可靠和智能。

PLC 的行业无关性和图形化编程要求催生了一个独特的研究领域，特别是在设计方法和编程语言方面。这项研究已经产生了几个标准，其中最有影响力的是国际电工委员会的标准《可编程控制器 第 3 部分：程序语言》（IEC 61131-3，2013）和《功能块 第 1 部分：体系架构》（IEC 61499-1，2012）。IEC 61131-3 规定了 PLC 统一编程语言套件的语法和语义。该套件由两种文本语言（指令列表和结构化文本），以及两种图形语言（梯形图和功能块图）组成。这些语言从梯形图中继电器电路的简单图形表示，到类似汇编程序的指令列表和结构化文本的高级编程语言。IEC 61499-1 定义了不同的功能块、它们之间的互连及其在 PLC 程序设计中的应用。PLC 应用程序通常在 PC 上开发，许多制造商已经发布了专用的开发组态环境来帮助程序开发。PLC 应用代码的装载可以使用 PLC 上专用编程端口的物理连接，也可以通过 PLC 所连接的网络远程装载。PLC 编程组态软件还包括其他功能，例如离线仿真运行、在线监控、断点单步调试，以便进行调试和故障排除。这些功能的使用可以提高程序的开发效率和程序的可靠性。

本节主要介绍了工业控制系统的基础知识。按照工业控制系统的体系结构，分别介绍了 SCADA 系统、DCS、FCS 和 PLC 系统，对这些控制系统的定义、功能和特点等进行了介绍。接下来将详细介绍 PLC 的主要功能、结构、工作原理和主要指令。

2.2 PLC 控制系统的特点与功能

PLC 是一种基于计算机和网络技术的电子设备，用于实时控制工业生产装备，是工业控制系统中最重要的组成部分。PLC 采用数字控制方式，能够执行各种算术运算、顺序控制、时序控制、连续控制、运动控制等指令，用于控制工业生产装备的动作。作为工业控制系统的基础单元，PLC 被广泛应用于自动化生产领域。PLC 具有高效、可靠、可编程、易于维护等特点，可以大大提高工业自动化生产的效率和质量。

2.2.1　PLC 控制系统的特点

PLC 控制系统主要有以下 5 个特点。

1. 通信性和灵活性强、应用广泛、编程方便

PLC 采用梯形图方式编程，这种方式与电气控制回路非常接近，易于掌握和推广。即使是一般的电气技术人员和技术工人，也可以很容易地学会程序设计。这种面向生产、面向用户的编程方式比常用的计算机语言更易于接受，因此梯形图被称为面向“蓝领的编程语言”，PLC 也被称为“蓝领计算机”。PLC 具有扩展的灵活性，可以根据应用的规模进行容量、功能和应用范围的扩展。此外，PLC 还可以通过与 DCS 或其他上位机进行通信，扩展功能并与外围设备进行数据交换。这种灵活性和扩展性使得 PLC 成为一种非常强大的工业自动化控制设备，能够满足各种不同应用场景的需求。

2. 可靠性高、抗干扰能力强

可靠性高、抗干扰能力强是 PLC 较重要的特点之一。这主要是由于它采用了一系列特有的硬件和软件措施。

（1）硬件方面：在 PLC 的设计中，为了有效抑制外部干扰源对它的影响，采用了光电隔离的 I/O 通道。同时，为了确保 PLC 在恶劣的工业环境下能够稳定工作，设计中采用了滤波器等电路来增强 PLC 对电噪声、电源波动、振动、电磁波等干扰的抵抗能力。此外，对于 PLC 的重要部件，如中央处理器（CPU）采用了具有良好导电和导磁性能的材料进行屏蔽，以减小电磁干扰的影响。

（2）软件方面：PLC 的“看门狗”电路通过监视专用运算处理器执行用户程序的延迟来确保程序的正常运行。这种电路可以防止程序出现死循环，避免因程序错误而导致系统的不稳定。此外，PLC 还具备自诊断功能，能够检测到 CPU、电池、I/O 接口、通信等出现的异常，并采取相应的措施，以防止故障扩大。在停电时，PLC 的后备电池会正常工作，保证系统的连续性和稳定性。

3. 产品系列化、规模化、功能完备、性能优良

随着 PLC 的发展，除了原有的逻辑运算、算术运算、数制转换及顺序控制功能外，还增加了模拟运算、运动控制、报警事件处理等功能。这些功能使得 PLC 可以应用于各种工业控制领域。此外，PLC 还具有较完善的自诊断、自测试功能，可以快速检测和修复系统故障。

近年来，PLC的功能单元不断涌现，使得PLC在离散控制、连续控制、计算机数控（CNC）等各种工业控制领域中得到广泛应用。随着通信功能和人机界面技术的不断发展，使用PLC组成各种自动控制系统变得非常容易。

此外，PLC还具有强大的网络功能。它所具有的现场总线和以太网联网功能，采用基于开放标准的工业控制网络协议，可以实现相同或不同厂家和类型的PLC之间的联网，并与上位机通信，构成分布式控制系统。

4. 设计、安装、调试周期短，扩充容易

PLC通过软件功能取代了电气系统中大量的中间继电器、时间继电器、计数器等器件，从而大大减少了控制设备外部的接线。在安装时，由于PLC的I/O接口已经预先设置好，因此可以直接和外围设备相连，而不再需要专用的接口电路，因此硬件安装上的工作量大幅减少。此外，用户可以在实验室进行程序模拟调试，调试完成后再进行生产现场联机调试，从而缩短控制系统设计及建造的周期。

PLC还能够通过各种方式直观反映控制系统的运行状态，如内部工作状态、通信状态、I/O 状态和电源状态等，非常有利于维护人员对系统的工作状态进行监视。此外，PLC的模块化结构使得维护人员可以方便地检查和更换故障模块，并且各种模块上均有运行状态和故障状态指示灯，便于用户了解系统的运行情况和查找故障。如果其中某个模块发生故障，用户可以通过更换模块的办法，使系统迅速恢复正常运行。一些PLC还支持冗余功能，允许在带电状态下插拔I/O模块。

5. 体积小、重量轻、维护方便

PLC内部电路采用高集成度的工业单片机设计，因此具有体积小、重量轻的特点。这些特点使得PLC可以很容易地嵌入工业装备内部，与其他设备组成光机电一体化的系统。

2.2.2 PLC控制系统的功能

近年来，随着大规模集成电路技术的迅猛发展，功能更强大、规模更大而价格日趋低廉的元器件不断涌现，这促使PLC产品的功能不断提升，同时成本也得到了降低。目前，PLC的功能不再局限于早期的开关量逻辑控制，主要功能简述如下。

1. 开关量逻辑控制

PLC 最广泛的应用是开关量逻辑控制，已逐步取代传统的继电器逻辑控制装置，被广泛用于单机或多机控制系统及自动生产线上。PLC 控制开关量的能力非常强，可以控制的 I/O 点数多达几万点。由于可以联网，所以点数几乎不受限制。此外，PLC 还能够解决各种组合、时序、需要考虑延时、需要进行高速计数等逻辑问题。

2. 运动控制

目前，许多 PLC 厂商已经开发出大量运动控制模块，这些模块可为步进电动机或伺服电动机等提供单轴或多轴的位置控制，并在控制中满足适当的速度和加速度，以保证运动的平滑和准确。

3. 过程控制

当前的 PLC 产品中，还有一类是专门针对生产过程参数，如温度、流量、压力、速度等的检测和控制而设计的。这些产品中常用的是模拟量 I/O 模块，通过这些模块不仅可以实现 A/D 和 D/A 转换，还可以构成闭环控制，实现 PID 一类的生产过程调节。此外，还有专门的模块用于实施 PID 闭环调节，可以更方便地实现控制。这些产品通常还引入了智能控制。

4. 数据处理

现代 PLC 已经具备了多种数据采集、分析、处理功能，包括数据传送、排序、查表搜索、位操作、逻辑运算、函数运算、矩阵运算等。一些公司将 PLC 的数据处理功能与 CNC 设备的功能结合起来，开发了专门用于 CNC 的 PLC 产品。

5. 通信及互联网

随着网络的发展和计算机集散控制系统的逐步普及，越来越多的 PLC 网络化通信产品被推出。这些产品能够解决 PLC 之间、PLC 与其扩展部分之间、PLC 与上级计算机之间或其他网络间的通信问题。但需要注意的是，并非所有 PLC 都具备上述全部功能。通常来说，越小型的 PLC 其功能也相应较少。

2.3 PLC的结构与工作原理

2.3.1 PLC的结构

PLC的硬件由多个部分组成，PLC的硬件结构如图2-1所示，其中最重要的部分是CPU，它类似于人的大脑，在PLC中起着至关重要的作用。CPU随着程序的运行而工作，按照电气工程师组态的梯形图、功能块图等应用程序进行逐条指令的顺序执行，从而实现逻辑控制功能。CPU能够协调控制PLC内部各个部分的工作，进行信号采集、控制运算、控制输出及网络通信。此外，它还能够检查PLC内部电路的故障和软件错误，并发出报警或采取安全措施。

存储器也是PLC内部一个重要的部分，包括两种类型，分别是用户程序存储器和系统程序存储器。用户程序存储器用于保存用户组态的控制代码，常见的用户程序存储器是EPROM。系统程序存储器则用于存储PLC系统程序和提供系统程序运行数据空间。

I/O接口即电气输入/输出通道也是PLC的重要组成部分，输入电路能将外部的物理电气信号转化为CPU能够接受的数据，而输出电路能将CPU发出的控制信号转化为外部控制器件能够接受的物理信号，如电磁开关、电压电流信号等。

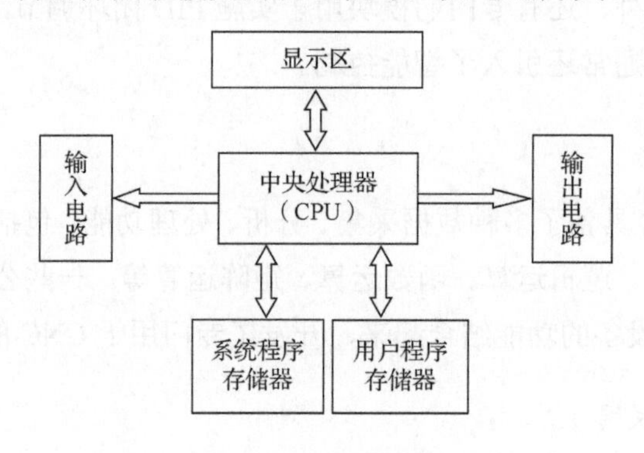

图2-1 PLC的硬件结构

2.3.2 PLC的工作原理

PLC的工作原理和计算机基本相同，但是也有一些不同点，例如，用户程序的执行形式不同，计算机采用代码顺序执行的方式，PLC则采用模仿物理电气系统运行的扫描执行方式。

PLC的工作形式有两种，一种是RUN模式，另一种是STOP模式。在RUN

模式下，PLC 会进行通信，执行程序，并对 PLC 程序进行逐行扫描。扫描是 PLC 的优点，也是其他控制系统无法代替的。在扫描过程中，PLC 会对输入信号进行采集、进行逻辑运算、控制输出，从而实现对控制过程的实时监测和控制。而在 STOP 模式下，PLC 仅会执行通信和进行内部处理，不会对输入信号进行采集和控制输出，只有在切换到 RUN 模式后才能正常运行。

PLC 的工作过程可以分为三个阶段。第一个阶段是输入采样阶段，PLC 会对输入信号进行采集，获取当前的输入状态。第二个阶段是程序执行阶段，即 PLC 会按照程序进行逻辑运算，处理输入信号并控制输出信号，从而实现对控制过程的实时监测和控制。第三个阶段是输出刷新阶段，PLC 会将处理好的输出信号刷新到输出模块中，使其输出到被控制的设备中。当 PLC 以一定的扫描速度对程序进行扫描时，需要完成这三个阶段，三个阶段都完成时称为一个扫描周期。这种扫描执行方式可以确保程序的实时性和稳定性，也是 PLC 被广泛应用于工业控制领域的重要原因之一。

1. 输入采样阶段

在 PLC 的扫描过程中，首先是输入采样阶段。PLC 采用逐行扫描的方式扫描输入通道的数据，并将其存储进输入寄存器映像中。在 PLC 的工作周期内，把固定数量的数据点刷新到输入映像寄存器。完成输入采样阶段后，PLC 会进行程序执行阶段和输出刷新阶段。在这两个阶段中，不再采样输入数据，因此开关量输入通道可读取的脉冲宽度必须要比扫描周期大一些，否则无法保证输入的数据被读取。对于变化较快的脉冲信号，一般采用单独的脉冲输入通道进行采集，以确保数据的准确性和稳定性。

2. 程序执行阶段

在 PLC 的扫描过程中，完成输入采样阶段后，接着进行的是程序执行阶段。PLC 按照控制逻辑组态页面扫描的方式逐行扫描程序，一般采用自上而下、从左至右的顺序进行逻辑运算。在这个阶段中，PLC 会对模拟电气触点和继电器的行为进行逻辑运算，得出结果后，数据存储器中的状态会发生变化。通过逻辑运算，PLC 能够实现对控制过程的实时监测和控制。

3. 输出刷新阶段

输出刷新阶段是扫描的最后一步，是输入阶段的逆过程。数据从输出映像寄存器中刷新到输出寄存器，通过输出通道发送到相应的输出模块中，对外部设备进行控制操作。PLC 的扫描工作过程如图 2-2 所示，扫描周期如图 2-3 所示。

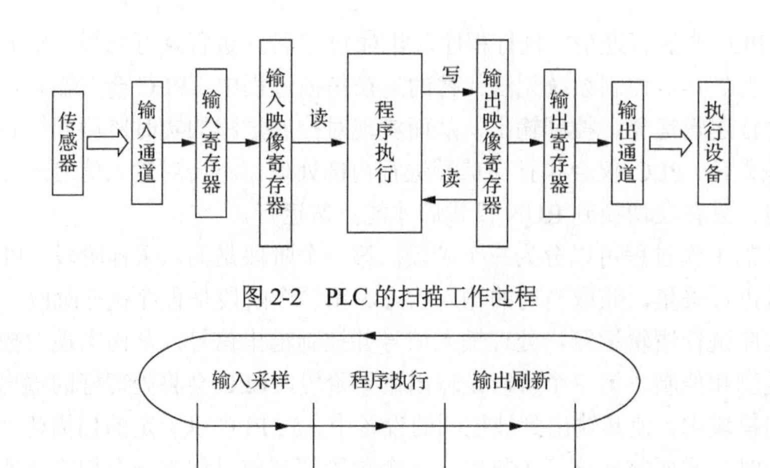

图 2-2 PLC 的扫描工作过程

图 2-3 PLC 的扫描周期

■ 2.4 PLC 的主要指令

PLC 的编程语言具有独特的特点，与一般计算机语言不同。它不同于高级语言和一般汇编语言，而是一种面向电气控制领域的图形化、低代码编程语言。尽管各个厂家的编程语言大多符合 IEC 61131-3 标准，但各厂家的组态编程软件无法实现相互兼容。本节接下来将介绍两种典型 PLC 的基本指令。

2.4.1 欧姆龙 CPM 系列小型 PLC 的基本指令

（1）LD 和 LD NOT 是 PLC 编程中的两种指令，它们用于确定指令执行的第一个条件。LD 指令表示指令执行的条件；而 LD NOT 指令则表示将指令执行的条件取反。这两种指令只能以位为单位进行操作，并且不会影响标志位。

（2）OUT 和 OUT NOT 是 PLC 编程中的两种指令，它们用于输出指定位的状态。OUT 指令输出逻辑运算结果，而 OUT NOT 指令则是将逻辑运算结果取反后再输出。这两种指令都是以位为单位进行操作的。

（3）AND 和 AND NOT 是 PLC 编程中的两种指令，它们用于进行逻辑“与”运算。AND 指令表示操作条件和它的位操作数之间进行逻辑“与”运算；而 AND NOT 指令则表示将它的位操作数取反后再与其前面的操作条件进行逻辑“与”运算。这两种指令都是以位为单位进行操作的。

（4）OR 和 OR NOT 是 PLC 编程中的两种指令，它们用于进行逻辑“或”运算。OR 指令表示操作条件和它的位操作数之间进行逻辑“或”运算；而 OR NOT 指令则表示将后面的位操作数取反后再与其前面的操作条件进行逻辑“或”运算。这两种指令都是以位为单位进行操作的。

（5）AND LD 是 PLC 编程中的一种指令，它用于将两个逻辑块进行串联连接，即对这两个逻辑块进行逻辑“与”操作。

（6）OR LD 是 PLC 编程中的一种指令，它用于将两个逻辑块进行并联连接，即对这两个逻辑块进行逻辑“或”操作。

（7）置位指令（SET）和复位指令（RESET）是 PLC 编程中的两种指令。当指令 SET 的执行条件为 ON 时，它会将指定的继电器位置设置为 ON；而当执行条件为 OFF 时，SET 指令不会改变指定继电器的状态。当指令 RESET 的执行条件为 ON 时，它会将指定继电器复位为 OFF；而当执行条件为 OFF 时，指令 RESET 也不会改变指定继电器的状态。

（8）保持指令［KEEP(11)］是 PLC 编程中的一种指令，它根据置位输入和复位输入条件来保持指定继电器 M 的状态为 ON 或 OFF。当置位输入端为 ON 时，继电器 M 会保持为 ON 状态，直至复位输入端为 ON 时才会变为 OFF 状态。

（9）上升沿微分指令［DIFU(13)］，和下降沿微分指令［DIFD(14)］是 PLC 编程中的两种指令。当执行条件由 OFF 变为 ON 时，上升沿微分指令会使指定继电器在一个扫描周期内为 ON；而当执行条件由 ON 变为 OFF 时，下降沿微分指令会使指定继电器在一个扫描周期内为 ON。

（10）空操作指令［NOP(00)］是 PLC 编程中的一种指令，它用于取消某一步操作。该指令没有任何操作数，也没有梯形符号。

（11）结束指令［END(01)］是 PLC 编程中的一种指令，它用于表示程序的结束，并且应该放在程序的最后。

2.4.2　三菱 FX 系列 PLC 的基本指令

FX 系列 PLC 提供了共计 20 条基本指令和 2 条步进指令，以及 85 条应用指令。这些指令可以通过增加前缀或后缀进行扩展。考虑到这种情况，实际上 FX 系列 PLC 提供了 27 条基本指令和 245 条应用指令。

（1）表 2-1 介绍了三个指令：逻辑取指令（LD）、逻辑取反指令（LDI）和输出线圈驱动指令（OUT）。这些指令用于在 FX 系列 PLC 中控制逻辑操作和输出信号。

表 2-1 LD、LDI、OUT 指令说明

指令	功能	梯形图	程序步数
LD（取）	运算开始（常开触点）	LD	1
LDI（取反）	运算开始	LDI	1
OUT（输出）	线圈驱动输出	OUT	见表注④

注：①LD、LDI 指令用于将触点连接到母线上，从而开始逻辑运算。这些触点可以是 X、Y、M、S、T、C 继电器的触点，并且可以与 ANB 指令配合使用，在分支起点处也可以使用。这些指令的程序步数为 1 步。②OUT 指令用于驱动 Y、M、S、T、C 继电器的线圈，从而控制输出信号。③并行输出指令可以多次使用。④OUT 指令的程序步数与输出元件有关。如果是输出继电器及通用辅助继电器，则其步数为 1；如果是特殊辅助继电器，则其步数为 2；如果是定时器及 16 位计数器，则其步数为 3；如果是 32 位计数器，则其步数为 5。⑤对于定时器的定时线圈和计数器的计数线圈，在 OUT 指令后还必须设定常数 K。

（2）FX 系列 PLC 中，触点串联指令包括 AND 指令和 ANI 指令。这些指令用于将多个触点进行串联连接，串联触点的个数没有限制。表 2-2 展示了这些指令的使用示例。

表 2-2 AND、ANI 指令说明

指令	功能	梯形图	程序步数
AND（与）	串联常开触点	AND	1
ANI（取反）	串联常闭触点	ANI	1

（3）FX 系列 PLC 中，触点并联指令包括 OR 指令和 ORI 指令。这些指令用于将多个触点进行并联连接，每个指令只能并联一个触点。OR 和 ORI 指令会在当前步骤之前对 LD 和 LDI 指令进行并联连接，可以进行多次并联，次数没有限制。表 2-3 展示了这些指令的使用示例。

表 2-3 OR、ORI 指令说明

指令	功能	梯形图	程序步数
OR（或）	并联常开触点	OR	1
ORI（或非）	并联常闭触点	ORI	1

（4）FX 系列 PLC 中，ORB 指令和 ANB 指令是无操作对象的指令，可以重复使用。但是由于 LD 和 LDI 指令的重复次数有限制，因此电路块的串、并联应该在 8 次以下。电路中两个及以上触点串联连接的部分称为串联电路块。串联电路块在并联连接时，需要使用 LD 或 LDI 指令作为分支的开始，使用 ORB 指令作为分支的结束。电路中两个及以上触点并联连接的部分称为并联电路块。当分支电路的并联电路块与前面的电路串联连接时，需要使用 ANB 指令。并联电路块结束后使用 ANB 指令，表示与前面的电路串联。表 2-4 展示了这些指令的使用示例。

表 2-4 ANB、OR 指令说明

指令	功能	梯形图	程序步数
ORB（电路块或）	串联电路块的并联连接	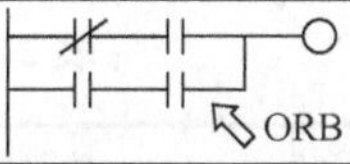 ORB	1
ANB（电路块与）	并联电路块的串联连接	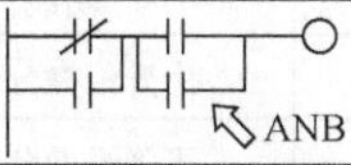 ANB	1

（5）FX 系列 PLC 中，有 11 个堆栈存储器用于存储运算的中间结果。使用 MPS 指令可以将当前的运算结果压入堆栈的第一层，同时原来存在第一层的数据被压入第二层，以此类推。使用 MPP 指令可以将第一层的数据读出，同时其他数据依次上移。使用 MRD 指令可以读取第一层的数据，但不会移动堆栈中的任何数据。MPS、MPP 指令必须成对使用，而且连续使用次数应少于 11 次。这些指令都是不带操作对象的，表 2-5 展示了它们的使用示例。

表 2-5 MPS、MRD、MPP 指令说明

指令	功能	梯形图	程序步数
MPS（入栈）	将结果压入堆栈	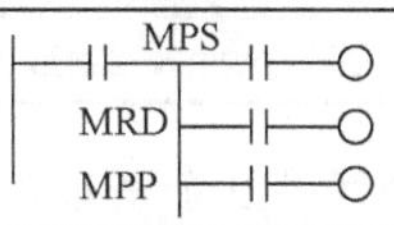 MPS	1
MRD（读栈）	读出当前堆栈数据	MRD	1
MPP（出栈）	将结果弹出堆栈	MPP	1

（6）FX 系列 PLC 中，置位与复位指令包括 SET 指令和 RST 指令。对于同一元件，可以多次使用 SET 和 RST 指令，但只对最后一次执行的结果有效。使用 SET 指令可以将元件的结果置位（设为“1”），它的操作对象可以是 Y、M、S。使用 RST 指令可以将元件的结果复位（设为“0”），它的操作对象可以是 Y、M、S、T、C、D、V、Z。表 2-6 展示了这些指令的使用示例。

表 2-6 SET、RST 指令说明

指令	功能	梯形图	程序步数
SET（置位）	元件置位并保持	SET XXX	Y、M（通用）：1 S、T、C、M（特殊）：2 D、V、Z：3
RST（复位）	元件或寄存器清零	RST XXX	

（7）FX 系列 PLC 中，脉冲输出指令包括 PLS 指令和 PLF 指令。这些指令的操作元件为输出继电器及通用辅助继电器。使用 PLS 指令可以让其后的 Y、M 元件在驱动输入接通后的 1 个扫描周期内动作（设为“1”），随后立即清零。使用 PLF 指令可以让其后的 Y、M 元件在驱动输入断开后的 1 个扫描周期内动作（设为“1”），随后立即清零。表 2-7 展示了这些指令的使用示例。

表 2-7 PLS、PLF 指令说明

指令	功能	梯形图	程序步数
PLS（上升沿脉冲）	上升沿微分输出	PLS XXX	1
PLF（下降沿脉冲）	下降沿微分输出	PLF XXX	1

（8）FX 系列 PLC 中，NOP 指令和 END 指令都是无操作对象的指令。NOP 指令主要用于在程序中预先插入，以减少在修改或追加程序时步骤号的变化。当程序被全部清除时，所有指令都变为空操作指令。END 指令表示程序的结束。在调试程序时，可以在不同的地方添加 END 指令，以便进行分段检查。表 2-8 展示了这些指令的使用示例。

表 2-8 NOP、END 指令说明

指令	功能	梯形图	程序步数
NOP（空操作）	留空待用	无	1
END（结束）	程序结束，回到第 0 步	END	1

（9）其他指令包括 9 个基本指令、步进指令和应用指令。

① 9 个基本指令。

FX 系列 PLC 中，MC 指令和 MCR 指令是主控及主控复位指令，用于连接和清除公共串联触点。INV 指令是反转指令，即对前面的运算结果取反。LDP、LDF、ANDP、ANDF、ORP、ORF 指令是由 LD、AND、OR 3 个指令加后缀而来。这些指令中，“P”表示上升沿（即从“0”变为“1”），而“F”表示下降沿（即从“1”变为“0”）。这几个指令分别表示在前面结果的上升沿或下降沿接通一个扫描周期。

② 步进指令。

步进指令用于流程图程序的编制，仅包括 STL 和 RET 两条指令。STL 指令利用内部软元件 S 在顺控程序上进行工序步进控制，其作用是激活某状态并建立子母线。RET 指令表示状态流程的结束，用于返回主母线，因此状态转移程序的结尾必须使用 RET 指令。

③ 应用指令。

应用指令是 PLC 中的一种指令类型，也称为功能指令。它包括程序流向控制指令、算术与逻辑运算指令、循环与移位指令、数据处理指令、高速处理指令、外部 I/O 处理指令、浮点运算指令等。这些指令实际上是不同功能的子程序，它们可以实现复杂运算，大大提高了 PLC 的实用性。

2.5 本章小结

PLC 是一种专门为工业环境设计的工业控制计算机，它是一种标准的通用工业控制器，能够将计算机、控制和通信技术集成在一起。PLC 是当代工业生产自动化的重要支柱之一。

（1）PLC 的产生是计算机技术与继电器控制技术相结合的产物，是社会发展和技术进步的必然结果。在四种通用工业控制系统（SCADA、DCS、FCS 和 PLC）中，每种控制系统都有其最适合的应用领域。应了解每种控制系统的特点，根据控制任务和应用环境来恰当地选择最合适的控制系统，以便最大化地发挥其效用。

（2）PLC 具有功能强大、可靠性高、编程简单、使用方便、维护容易、应用广泛等特点，被广泛应用于开关量逻辑控制、运动控制、过程控制、数据处理、通信和互联网等方面。

（3）PLC 由 CPU、存储器和 I/O 接口等组成。周期性循环扫描和集中批处理是 PLC 工作过程中最突出的特点。

（4）PLC 不同于一般计算机语言。为了满足易于编写和易于调试的要求，各公司提出了自己的编程语言。本章介绍了两类 PLC 指令的功能，分别针对 CPM 系列和 FX 系列。

（5）为了适应恶劣的工业环境并保证传输控制信息的可靠性，PLC 对 I/O 接口提出了较高的要求，并采用了光电隔离等技术。

参 考 文 献

[1] Stouffer K, Pillitteri V, Lightman S, et al. Guide to Industrial Control Systems (ICS) Security (Rev.2): NIST SP800-82[S]. Gaithersburg, USA: National Institute of Standards and Technology (NIST), 2015: 82.

[2] Robert C G, Angela M S. Industrial Control Systems[M]. New York: Nova Science Publishers, Inc., 2012.

[3] 肖健荣. 工业控制系统信息安全[M]. 北京：电子工业出版社, 2015.

[4] 帕斯卡·阿克曼. 工业控制系统安全[M]. 蒋蓓, 宋纯梁, 邬江, 等译. 北京：机械工业出版社, 2020.

[5] 王华忠. 工业控制系统及其应用[M]. 北京：机械工业出版社, 2019.

[6] 饶志宏, 兰昆, 蒲石. 工业 SCADA 系统信息安全技术[M]. 北京：国防工业出版社, 2014.

[7] 肖军. DCS 及现场总线技术[M]. 北京：清华大学出版社, 2011.

[8] 阳宪惠. 网络化控制系统：现场总线技术[M]. 2 版. 北京：清华大学出版社, 2014.

[9] 程子华. 西门子 S7-200 PLC 应用技术[M]. 北京：人民邮电出版社, 2011.

第 3 章

通用信息安全技术

3.1 身份认证和授权

在越来越复杂的网络环境中，使用用户名-口令方式验证资源访问者身份合法性已经变得非常脆弱。一方面，由于应用系统设计上的缺陷，用户名和口令以明文方式在网络中传输的可能性非常大；另一方面，计算机在存储口令时通常只进行简单的加密处理，甚至不进行任何处理[1]。

身份认证是验证者确认被验证者的身份是否合法可信的一种技术，是建立通信双方信任的过程。身份认证技术可以确定用户的真实身份，并确保只有经过授权的用户才能访问受保护的资源或执行受限制的操作。身份认证和授权是工业控制系统访问控制的最基本要求。身份认证用于验证用户的身份，是验证用户身份的过程或装置，通常是允许进行信息系统资源访问的先决条件。授权是批准进入系统访问资源的权利。在工业控制系统运行过程中，不同分区间的通信是通过信道进行的。在消息传送过程中，可能会有恶意进程冒充某个分区发送消息给目标分区。因此，需要对传输的消息进行相关的安全处理，以保证数据的可靠性。

3.1.1 身份认证方法

1. 加密认证和非加密认证

身份认证可以用于防止用户被欺骗和非正常通信。系统提供了两种身份认证方法，分别是加密认证和非加密认证。加密认证提供消息的认证和加密，在身份认证过程中使用加密技术来保护用户的身份信息，如数字证书认证、双因素认证等。而非加密认证仅提供消息的认证，不对消息进行加密，在身份认证过程中不使用加密技术来保护用户的身份信息，如口令认证、生物特征认证[2]等。生物特征认证是基于生物特征进行认证[3-5]，安全性是最高的。

由于攻击者在第一次尝试时就得到秘密令牌的概率可以忽略不计，因此系统可以检测并隔离发起攻击的进程。系统采用单向加密算法来进行认证，即接收者和发送者共享一个密钥和相同的单向加密算法，密钥使用的控制流程和数据流程分别如图 3-1 和图 3-2 所示。

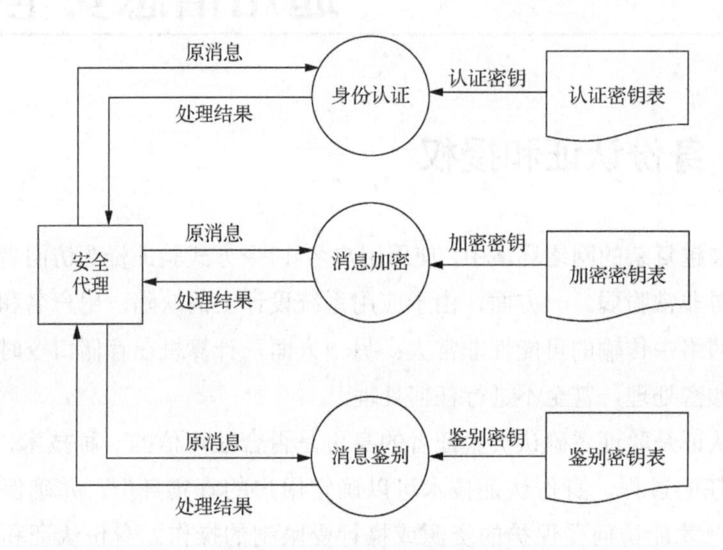

图 3-1 密钥使用控制流程

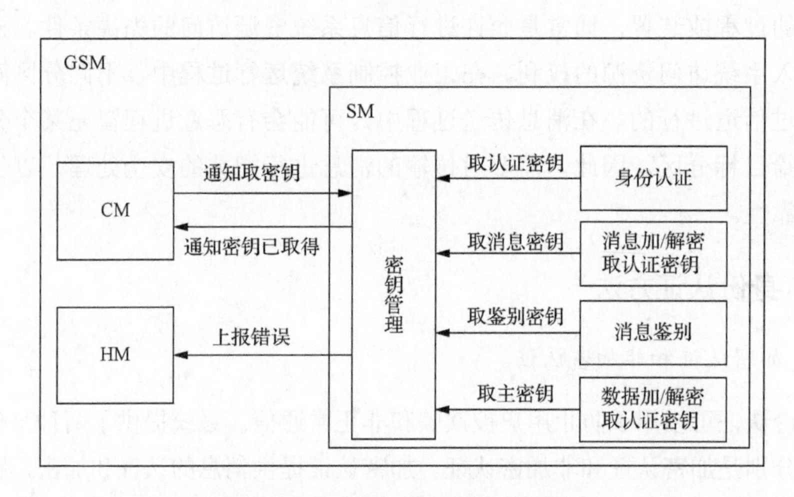

图 3-2 密钥使用数据流程图

2. 数据认证和身份认证

系统中需要认证的两类资源是数据认证和身份认证。数据认证是指应用程序和虚拟通信处理器之间利用共享的认证密钥对所传输的数据进行认证。身份认证是指需要在应用程序与 VC Handler（虚拟通信处理程序）以及 VC Handler 与 SM 之间进行身份认证，以保证通信的对方是可信的实体或进程。这里的认证采用基于对称密码或基于非对称密码的认证。

身份认证的目标是在分区间通信时提供一种确认消息发送者身份的手段，以确保通信安全。例如，当 B 收到来自 A 的消息时，B 需要验证发送者确实是 A，而不是其他冒充 A 的人。

身份认证模块的数据源包括三个部分：①系统时间管理，获取系统当前时间，作为时间戳；②密钥认证表，存储在 GSM-SM 中，可以根据通道 ID 获取认证密钥；③消息缓冲区，存放需要认证处理的消息数据，处理后的数据也存放在消息缓冲区中。整个数据流程可分为两个部分：左半部分为发送方，右半部分为接收方。具体流程如图 3-3 所示。

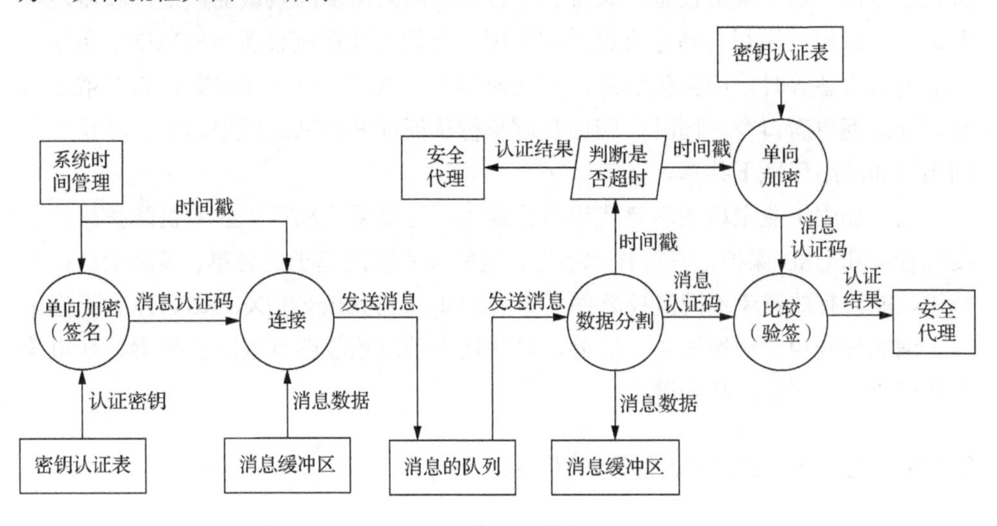

图 3-3　身份认证数据流程

安全代理使用身份认证模块对消息进行身份认证处理。身份认证模块内部按步骤执行获取时间戳、获取认证密钥、签名/验签等操作，如图 3-4 所示，1、2、3、4、5 表示身份认证的先后关系。

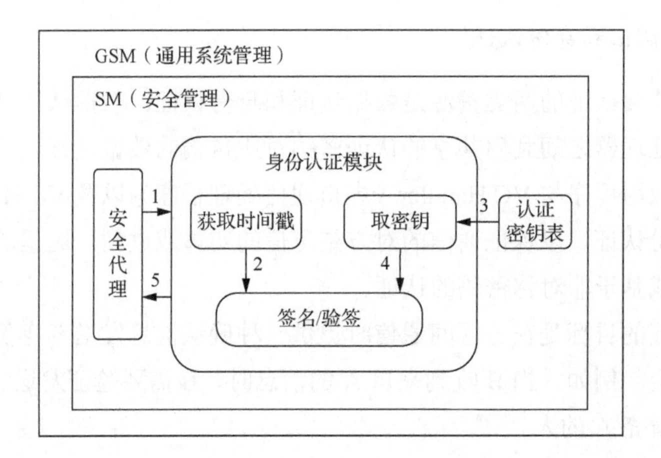

图 3-4 身份认证控制流程

3.1.2 工业平台身份认证需求分析

在工业主机登录、应用服务资源访问和工业云平台访问等过程中，须使用身份认证管理。对于关键设备、系统和平台的访问采用多因素认证。账户权限应根据最小特权原则进行合理分类设置和分配。登录工业控制设备、SCADA 系统、工业通信设备等时，应强化登录账户及密码的安全性，避免使用默认口令或弱口令，并定期更新口令。同时，应加强对身份认证证书信息的保护力度，禁止在不同系统和网络环境下共享。

为了加强工业主机的恶意代码防范能力，可以采用部署工业主机防护软件、终端管理和 USB 保护工具等技术手段。这些技术手段基于白名单、多因素认证等技术，能够有效避免不同监控软件（如 GE Digital Proficy iFIX、RSView、组态王等）漏洞被利用的情况发生。此外，这些技术手段还能够有效阻止病毒、蠕虫等恶意代码在内网的传播和破坏。

3.1.3 工业平台身份认证防护措施

主机防护的主要目标是保护生产控制系统（如火电厂机组的 DCS、辅控 DCS 及网络计算机系统、环境控制与管理系统等）的上位机和服务器。这些系统的工业控制主机会通过采用白名单技术的方式进行监控，包括监控进程状态、网络端口状态和 USB 端口状态等。这种全方位的监控方式可以保护主机的资源使用。主机防护软件会根据白名单的配置，禁止非法进程的运行，禁止非法网络端口的打开和服务，禁止非法 USB 设备的接入。这样可以切断病毒和木马的传播和破坏路径，确保上位机正常指令的顺利下发及生产相关的业务和进程的正常执行。

生产控制大区是电力等企业重点保护的区域。为了提升其控制区域内各个关键应用系统的服务器、上位机和操作工作站等的安全性，一般采用部署工业主机防护软件、专用安全U盘和终端准入管控系统等措施，旨在提高主机的防御能力。防护方式应该包括如下内容。

1. 工业主机防护软件

传统的杀毒软件不适用于工业控制系统。原因如下：从技术方面来说，传统杀毒软件的病毒查杀技术不符合工业主机的安全要求，且传统杀毒软件无法适应工业主机的使用环境；从管理和运维方面来说，传统杀毒软件的安装过程复杂，运维难度大，而且长期存在兼容性问题未得到解决。因此，为了强化生产控制大区的主机安全能力，应该安装针对工业控制系统开发的工业主机防护软件。这种工业主机防护软件可以监控主机软件和进程、管理网络端口和外设端口，从而提升主机的安全性。在加固生产控制大区主机时，应避免与管理信息大区的技术相同，而是应采用异构方式来提升整体安全的防护能力。

以火电厂为例，火电厂生产控制大区的主机只能运行与电力生产作业相关的软件应用程序（例如DCS等）。其他与电力生产无关的软件应用程序需要禁止安装。在已经安装其他程序的情况下，应该控制正常生产过程中运行的进程和服务，以防止无关程序的漏洞或误操作影响业务程序的运行。因此，工业主机防护软件应该具备智能识别软件的安装和升级能力，并以白名单方式避免非法软件的安装。此外，在进程启动之前，工业主机防护软件应该进行安全性检查以保证运行进程的合法性和完整性。同时，它还应该对系统进行深入分析，感知针对操作系统漏洞进行的恶意代码执行过程，发现隐藏的进程，以保护系统的完整性。

为了保证生产控制大区的主机安全，应该通过白名单方式管理开放的网络端口，并对高危端口和非法开放端口进行预警。此外，主机还应该基于网络端口发现隐藏的网络通信，以防止数据泄漏和入侵渗透。为了避免大流量的网络攻击影响业务运行，主机应该采取网络流量优化的处理措施，避免直接关闭进程或网络端口而影响生产控制。此外，生产控制大区的主机应该对USB外部接口进行监控和管理。由于USB接口在控制网络中有应用，因此需要加强管理，包括采用对USB设备的识别、授权许可、状态监测和行为审计等管理措施。

2. 安全配置

为了提高主机的防护能力，应该对主机进行相关的配置修改。这些修改包括关闭业务应用不使用的服务端口（例如3389端口等）；设置复杂度较高的操作系统登录密码；修改组态软件的默认用户名和密码等配置和操作。每次进行配置变更时，都应该经过测试，以确保配置修改的有效性和稳定性。

3. 安全补丁

为了增强主机的防御能力并弥补漏洞和脆弱性，需要通过对主机操作系统进行补丁更新和对上位机软件进行版本升级。这些更新和升级应该由一个统一的平台进行维护和分发，并且在分发补丁和软件版本之前必须经过测试。

4. 恶意代码防范

为了保障工业控制系统的安全，主机需要安装专门针对该系统的恶意代码防范软件，并定期（最好在维修期）进行全盘扫描和恶意代码查杀。同时，控制网络的恶意代码样本库应该与办公网的样本库区分开来，定期更新样本库并进行测试，以确保能够识别最新的恶意代码。

5. 终端接入控制

为了确保终端计算机的安全，需要识别和确认终端用户的身份信息，并完成对其身份的鉴别。只有合法的终端用户才能使用终端计算机。同时，需要进行授权管理，以便后续的授权访问策略的制定和执行，并避免非授权用户使用终端计算机引起数据泄漏。

6. 无线接入防范

为了保障生产控制大区内网络接入设备的可控性，需要在管理上禁止选用带有无线功能的主机。同时，还需要在技术上部署无线入侵防护设备，以进一步提高网络的安全性。

3.2 加/解密技术

加/解密技术旨在确保只有授权访问的人员能够访问信息数据，并保护用于工业过程的信息的准确性和完整性。加/解密技术是对信息数据进行加密和解密的过程，可分为消息加/解密技术和数据加/解密技术。

3.2.1 消息加/解密技术

消息加密技术提高了进程之间通信消息的机密性，并确保系统内高安全级别数据不会泄漏到低安全级别数据区。消息加密可采用在芯片中加密的硬件方式或在系统软件中增加加密算法模块的软件方式。消息加密模块通常位于通用系统管理中的安全管理中。

消息解密技术是一种用于解密加密信息的技术。在加密过程中，原始信息被转换为一种难以理解的形式，只有拥有解密密钥的人才能将其还原为原始信息。消息解密技术通过破解加密算法或者获取正确的密钥来还原信息，从而达到获取加密信息的目的。

消息加/解密的数据源包括密钥表和消息缓冲区。密钥表存储在 GSM-SM 中，可以根据通道 ID 获取加/解密密钥。消息缓冲区用于存放需要加/解密的消息数据，并存储处理后的数据。整个数据流程可分为两部分，即发送方和接收方，如图 3-5 所示。

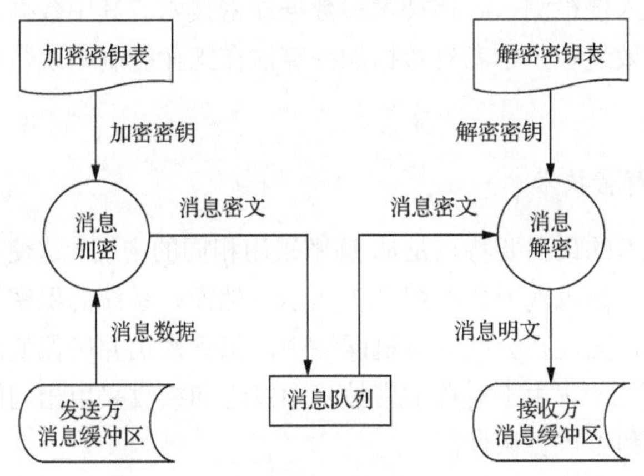

图 3-5　消息加/解密数据流程

安全代理通过调用消息加/解密模块来完成消息的加/解密处理，以实现消息加/解密的控制流程。在消息加/解密模块内部，还需要按照一定的步骤来获取加/解密密钥、进行消息加/解密等操作。控制流程如图 3-6 所示，图中 1、2、3、4 表示流程顺序。

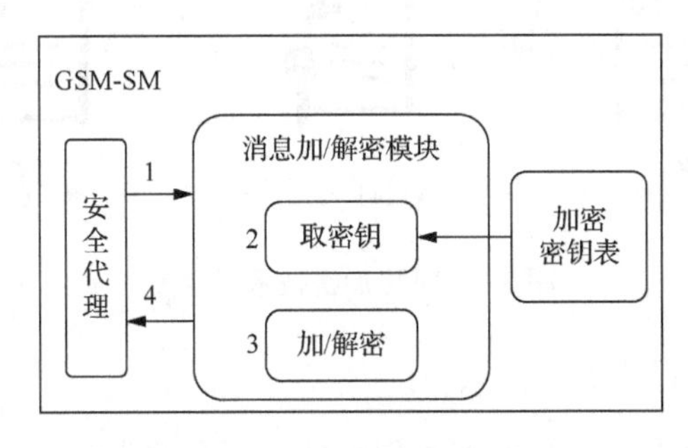

图 3-6　消息加/解密控制流程

消息加/解密技术是一种保护数据安全的技术，通过使用加密算法将原始数据转换为密文，从而防止未经授权的访问和窃取。在传输过程中，只有授权的接收方能够使用解密算法将密文转换回原始数据，并获得信息。随着网络技术的发展，消息加/解密技术的应用范围越来越广泛，成为保护个人隐私和商业秘密的重要手段。

3.2.2 数据加/解密技术

随着“互联网+”等概念相继被提出，封闭的工业控制网络逐渐开放，人们开始注重工业数据传输的安全防护。目前，数据传输安全技术主要有：防火墙技术、部署安全协议、入侵检测、容错技术和数据加密技术。其中数据加密技术是保障数据机密性的有效途径，学者对数据加密算法在工业控制系统数据传输的应用进行了研究[6, 7]。

1. 对称加/解密技术

对称加密技术的最主要特点是加/解密采用相同的密钥，这使得对称加密算法相对简单且高效。其表现形式如图 3-7 所示。然而，系统的保密性更多地依赖于密钥的安全等级，因此在公共计算机网络中，保管密钥并确保信息传输的安全性是最主要的问题之一。由于对称加密技术中发送和接收采用相同的密钥，因此很难实现数据签名和不可否认性。

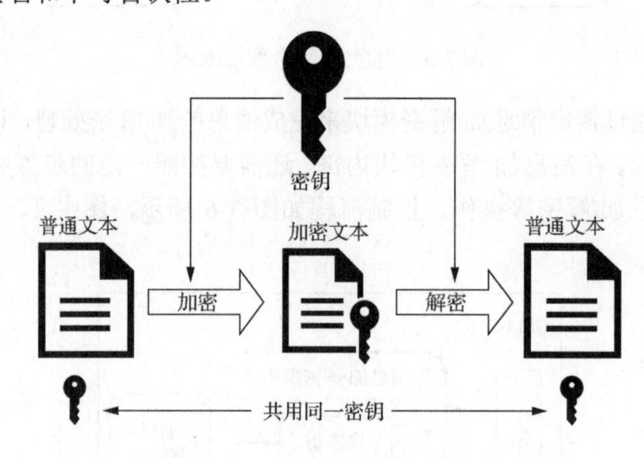

图 3-7 对称加密技术示意图

2. 非对称加/解密技术

非对称加密技术在加密和解密过程中使用不同的密钥。通常情况下，非对称加密具有两组密钥，分别为“公钥”和“私钥”，其中“私钥”是不可公开的部分，其表现形式如图3-8所示。该技术的优势在于：在解密时，接收方只需要使用“私钥”，就能够很好地保护数据。相较于“私钥”，“公钥”更具灵活性，但其加/解密速度相对较慢。

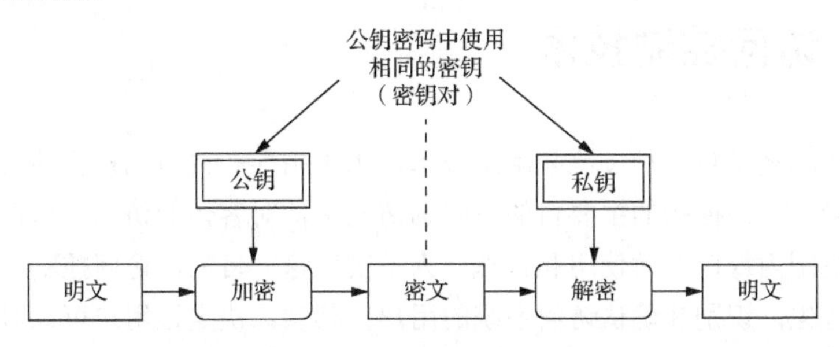

图3-8 非对称加密技术示意图

3. 数据加密方式

1）端到端信息加密方式

应用端到端信息加密方式时，整个传输过程都采用密文的形式，即使在传输过程中信息被窃取也无法立即破解传送信息的意义。该方式的应用能够有效确保数据传输的安全性和隐秘性，具有其他加密方式无法代替的优势。此外，由于端到端加密方式成本相对较低，方法较为严密和简便，因此得到了非常广泛的应用。端到端信息加密方式具有非常大的变通性，如节点破坏对信息传送的干扰程度相对较低，在一端受到非法影响的情况下也不会对后续信息传送造成影响。然而，在采用端到端加密方式时，需要特别关注所传送节点的地点信息安全，确保不受任何打击，并能够有效防范恶意攻击，以保障信息传送的正常进行，防止信息传送出现中断，确保信息的连续性。

2）链路信息加密方式

链路信息加密主要通过在线加密来实现网络通信链路的安全。该加密方式主要针对链路节点进行破解来实现信息传输。由于链路中存在大量节点，这些节点之间存在区别，因此只有采用不同的秘密文档才能够有效解密信息，从而保障计算机网络通信的安全性，进一步提升数据传输的平稳性和可靠性。在数据传输过程中，不同的节点都可以通过秘密方式进行传输。要有效实施链路信息加密方式，需要建立在较强的装备水平基础上，并确保在使用过程中及时加密。

3）节点信息加密方式

节点信息加密方式是一种保证信息传输安全性的方法，它通过对所有节点实施加密来实现。该方式与链路信息加密方式相似，不同之处在于节点信息加密方式需要所有节点按需设置安全模板。在具备完整报文头部和精确路由指引的网络架构下，采用节点信息加密方式进行信息传输，能够最大化其防护效能，有效抵御非授权干预，显著降低网络通信系统被破坏的可能性，确保信息传输的安全性与稳定性。

■ 3.3 访问控制技术

访问控制技术是一种过滤和阻止技术，用于指导和调节已授权的设备或系统的信息流量。访问控制的主要目的是限制访问主体对客体的访问，以保护数据资源在合法范围内得以有效使用和管理。为了实现这一目的，访问控制需要完成两个任务：首先，识别和确认访问系统的用户；其次，决定该用户可以对某一系统资源进行何种类型的访问。

3.3.1 访问控制标准

为实现对系统网络访问的细粒度控制，保护内部网络免受攻击，在“访问控制”的控制点方面，有以下五点标准。

（1）设置访问控制规则，禁止网络边界或区域之间进行任何通信。

（2）优化访问控制列表，删除无效或多余的访问控制规则，使其数量最少。

（3）对系统各环节进行检查，只允许符合要求的数据包进出。

（4）具备明确的允许或拒绝访问能力，可根据系统会话信息对数据流进行控制，控制粒度为端口级。

（5）能够根据应用协议和内容对数据流进行控制，控制粒度为端口级。在实际测评工作中，可按以下步骤对“访问控制”的控制点进行测评。

对于网闸、防火墙、路由器及三层路由交换机等访问控制设备的测评要求如下。

（1）核实网络中是否配置访问控制设备。

（2）核实系统中是否配置了适合自身业务需求的访问控制规则。

（3）核实系统中是否确保访问控制规则最优化。

（4）核实访问控制设备中的最后一条安全策略是否为“拒绝所有网络通信”。

随着互联网技术的飞速发展，越来越多的应用程序共用几个端口或协议，传统的IP地址/端口号防火墙已无法针对不同的应用程序采取相应的访问控制策略。因此，必须引入应用协议和内容更加先进的防火墙来解决这个问题。“访问控制”的控制点应采取相应措施，以核实企业网中是否在关键节点处部署了新式防火墙，并且防火墙中是否部署了相应的访问控制策略。

3.3.2　防护内容

为了保证工业控制网络（如 DCS、PLC 等）的稳定和安全运行，需要自动检测并防范来自局域网和互联网的病毒、木马入侵等对控制系统网络的破坏。

生产控制网和互联网相通后，工业控制设备可能会暴露在公网中，而这些设备本身存在安全漏洞。工业攻击手段（如病毒、木马、攻击脚本等）可能会通过互联网、管理网、局域网等途径入侵，传统安全设备（如防火墙、入侵检测系统等）无法识别和防范。一旦发生攻击，将导致工业控制设备异常，影响整个生产网络的正常运行。因此，在工业控制网络中必须部署工业安全设备，自动检测并防范工业攻击，以保证工业控制网络的稳定和安全运行。

3.3.3　边界防护

网络实现了不同工业控制系统的互联互通，但在实际应用中需要根据不同的安全需求对系统和网络进行划分，形成网络边界。边界防护构成了安全防御的第二道防线，是保护网络内部的必要手段。

以发电厂内的电力监控系统为例，为了加强电力监控系统的信息安全管理，防范黑客及恶意代码等对电力监控系统的攻击及侵害，保障电力系统的安全稳定运行，根据《电力监管条例》和《中华人民共和国计算机信息系统安全保护条例》等有关规定，结合电力监控系统的实际情况，制定了《电力监控系统安全防护规定》。电力监控系统安全防护工作应当落实国家信息安全等级保护制度，按照国家信息安全等级保护的有关要求，坚持“安全分区、网络专用、横向隔离、纵向认证”的原则，保障电力监控系统的安全。

《电力监控系统安全防护规定》第二章第六条规定：发电企业、电网企业内部基于计算机和网络技术的业务系统，应当划分为生产控制大区和管理信息大区。生产控制大区可以分为控制区（安全区Ⅰ）和非控制区（安全区Ⅱ）；管理信息大区内部在不影响生产控制大区安全的前提下，可以根据各企业不同安全要求划分安全区。根据应用系统实际情况，在满足总体安全要求的前提下，可以简化安全区的设置，但是应当避免形成不同安全区的纵向交叉联接。

在发电厂内，同属于安全区Ⅰ的各机组监控系统之间、机组监控系统与控制系统之间、同一机组的不同功能监控系统之间，以及机组监控系统与输变电部分控制系统之间，根据需要可以采取一定强度的逻辑访问控制措施，例如防火墙、虚拟局域网（VLAN）等，以确保安全区Ⅰ内各系统之间的安全性。

根据工业和信息化部印发的《工业控制系统信息安全防护指南》第三条“边界安全防护”要求，应该采取以下措施：①分离工业控制系统的开发、测试和生产环境。②通过工业控制网络边界防护设备对工业控制网络与企业网或互联网之间的边界进行安全防护，禁止没有防护的工业控制网络与互联网连接。③通过工业防火墙、网闸等防护设备对工业控制网络安全区域之间进行逻辑隔离安全防护。

针对上述要求，可以采取以下措施。

1. 划分区域

（1）对工业控制网络进行安全区域划分，按照功能进行初步的区域划分。

（2）为了保证工业控制网络的安全，应该在生产网和管理网之间部署工业防火墙，以实现对工业控制网络的纵向边界深度安全防护。这样可以防范来自互联网和管理网的工业攻击。

（3）在工业控制网络中，应部署工业防火墙以实现各个安全区域之间的横向逻辑隔离，从而防止越权访问、恶意软件扩散和入侵攻击等安全威胁，以确保各个区域的控制系统安全运行。

2. 定义边界

在电厂工业控制系统中，通过定义边界、划分安全区域，并根据不同区域的业务重要性及通信和数据交换需求，部署适当防护强度的边界防护设备，以实现有效的边界防护。这样可以保障工业控制系统的安全性，防止未经授权的访问和数据泄漏等安全威胁。

3. 部署智能工业防火墙

在安全区Ⅰ和安全区Ⅱ之间部署智能工业防火墙，该防火墙不仅具有访问控制功能，还实现了逻辑隔离、报文过滤、访问控制等功能。智能工业防火墙允许只有特定的对象通过特定的工业控制协议与安全区Ⅱ进行交互，同时对安全区Ⅰ和安全区Ⅱ之间传输的报文内容进行深度检查，识别正常的操作行为并生成白名单。如果发现用户节点的行为不符合白名单中的行为特征，防火墙会对此行为进行阻断或告警。这样可以有效地保护工业控制系统的安全运行。

为了有效地防止工业控制网络受到异常行为、未知漏洞、误操作、恶意病毒传播及越权访问等威胁，应在厂级监控系统到主控 DCS 之间、主控 DCS 与辅控 DCS 之间，以及机组 DCS 之间部署智能工业防火墙进行边界安全防护。这样可以实现逻辑隔离、报文过滤、访问控制等功能，同时具备智能学习、基于深度数据包解析的黑白名单结合、分布式集中管理及适应苛刻工业应用场景等技术，从而保障工业控制网络的安全性。

3.4　入侵检测技术

传统 IT 防火墙等安全防护技术重点关注服务器和网络的防护，忽略了对终端的防护[8, 9]。系统自身的脆弱性和通信协议的不安全性使工业控制系统正面临着严重的安全威胁[10]。

随着工业控制系统逐渐开放，暴露出严重的脆弱性问题。入侵检测作为重要的安全防御措施，根据误用和行为检测，可及时发现可能或潜在的入侵行为。入侵检测是工业控制系统信息安全动态防护的“感知”环节，通过对计算机网络或计算机系统中的若干关键点收集信息并对其进行分析，从中发现网络或系统中是否有违反安全策略的行为和被攻击的迹象。

目前，入侵检测主要采用基于特征、基于规则和基于异常三种技术[11-14]。其中，基于特征的入侵检测方法以攻击特征为出发点，建立攻击特征检测规则库，以此识别网络入侵攻击。而基于规则和基于异常的入侵检测方法则以系统自身特点为出发点。基于规则的入侵检测方法是一种需用户定义、粒度较粗的分析方法，例如物理过程状态超出其允许的阈值、设备运行状态失常等。而基于异常的入侵检测方法则是通过分析系统行为发现异常，该方法通常需要结合系统运行机理，建立正常的系统行为模型。与基于规则的入侵检测方法相比，基于异常的入侵检测方法检测粒度较细、自动化程度较高，并且漏检率较低。另外，基于异常的入侵检测方法能够有效识别出未知类型的攻击，因而其实现技术受到广泛关注。

入侵检测是工业控制系统信息安全动态防护的前提和关键，其检测的精度将直接影响后续安全防护策略的执行效果。与 IT 系统不同，工业控制系统的攻击目标主要是破坏物理过程运行逻辑及状态，从而造成严重的生产损失甚至安全事故。此外，现场系统存在许多闭环反馈回路，系统状态变量之间耦合紧密，攻击对系统部分状态的篡改可能影响到整个生产过程。因此，传统的入侵检测方法偏向于从网络行为入手，侧重于找到攻击源。然而，一旦攻击者在信息层隐藏了攻击行为，现场系统将面临严重的安全威胁。因此，在工业控制系统信息安全动态防护中，从物理过程行为的角度分析异常是必不可少的环节。

工业控制系统通常呈现出固有的模型或可预测的行为，因此可以从物理过程动态特性或状态特征的角度分析异常。常用的方法包括物理系统模型、状态空间方程、统计规律模型等。然而，在许多实际系统中，模型和参数往往难以精确获得，而基于统计学的方法缺乏考虑系统物理过程的运行机理，存在较高的误报率。因此，这些常规的入侵检测方法均存在一定的局限性，其应用范围也受到限制。此外，网络攻击可能具有很强的智能性和隐蔽性，一旦攻击者欺骗系统所有状态，则系统的异常行为很难被识别。因此，避免现场系统因攻击导致所有状态同时失效是入侵检测的一个前提条件，但当前的方法缺乏对这一层面的因素进行考虑。

一种工业控制系统区域划分及入侵检测方法可以解决上述问题。该方法首先基于系统变量的因果关系模型设计一种面向工业控制系统自动分区算法，以确保系统的关键状态能在多个区域内被观测到。同时，在各区域中部署不同的信息安全防护措施，以增加网络攻击同时入侵多个区域的难度，避免整个系统失效。在此基础上，利用神经网络建立系统关键状态的区域观测函数，从而通过不同区域的观测结果发现系统异常状态和区域。该方法主要包含三个模块，即系统区域划分、区域函数建模和入侵检测，前两个模块为离线过程，而最后一个模块为在线过程，如图 3-9 所示。

1. 系统区域划分模块

首先，建立系统物理过程变量间的因果关系模型，并通过定性分析系统关键状态的内部机理，确定这些状态在多个区域中的观测方式。接着，考虑系统的闭环控制结构，制定分区准则，并设计分区算法来将工业控制系统划分为多个区域。最后，在各个区域内部署不同的信息安全防护措施，在防止系统遭受网络攻击入侵的同时，保证多个区域的安全性。

2. 区域函数建模模块

通过对系统关键状态观测的定性分析，确定了每个区域可以观测到的系统关键状态。基于这些观测结果，在每个区域中利用前馈神经网络对系统关键状态进行拟合逼近，得到了系统关键状态的区域观测函数。

3. 入侵检测模块

利用前面模块中逼近得到的区域观测函数，可以在每个区域计算出系统关键状态的观测值。接着，建立状态异常判别基线（阈值），并比较不同区域对同一关键状态的观测结果，以判断系统区域状态是否存在异常。

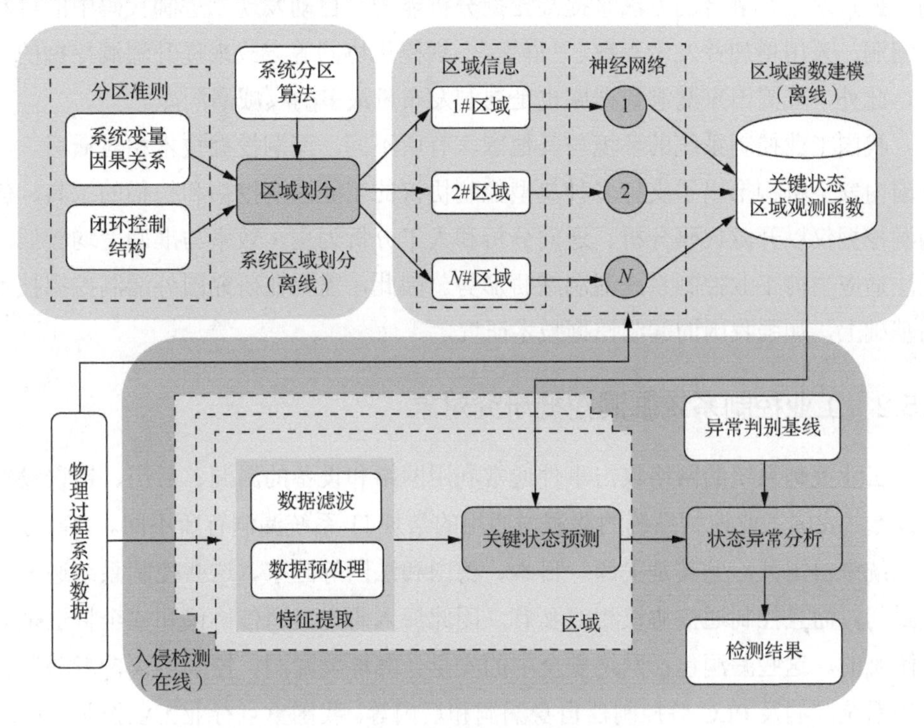

图 3-9 工业控制系统分区入侵检测方法

3.5 工业控制系统漏洞挖掘技术

过去，工业控制设备通过串行电缆和专有协议连接到计算机网络。但随着业务的发展和传统 IT 基础设施的开放和技术渗透，越来越多的工业控制系统现在通过以太网电缆和标准化的 TCP/IP 通信协议连接到计算机网络。供应商提供的很多工业控制设备都有嵌入式 Web、开放的 FTP、远程登录等传统服务。这些开放的端口和服务为工业控制终端设备的漏洞挖掘和利用打开了通道，给工业控制系统带来了巨大的安全隐患。因此，工业控制网络已经成为信息安全人员关注的新焦点。

3.5.1 工业控制系统漏洞挖掘技术概况

针对工业控制系统的漏洞挖掘，美国和以色列等国家的技术较为先进，主要体现在漏洞挖掘的自动化水平高、规模化协同性强等方面。这些国家采用多种漏洞挖掘技术相互融合的方法来提高挖掘分析能力，自动发现二进制代码中的可利用漏洞，采用增加并发节点数、“群智”、规模化协同等方式来提升漏洞挖掘的效率。此外，美国国家漏洞数据库也是漏洞发布量最多的权威漏洞库。

我国工业控制系统的环境与其他国家有所不同，漏洞挖掘技术相对滞后。虽然国内安全机构推出了支持多种典型控制协议的工业漏洞挖掘和扫描的工具，但漏洞挖掘仅以开源代码分析、逆向分析和人工分析为主，效率与准确度均较低，无法适应当前工业控制系统漏洞威胁形势。因此，需要在研究国外漏洞挖掘技术的基础上，加强我国的漏洞挖掘技术研究。

3.5.2 工业控制系统漏洞挖掘研究对象

工业控制系统的网络攻击事件通常利用网络和设备的漏洞、后门、错误设置等发起。我国工业控制系统的漏洞与通用的常规 IT 系统漏洞有所不同。大部分控制系统来自国外，尤其是美国、日本、德国和法国等国家。这些控制系统通常比较封闭，而且控制通信协议相对私有，因此深入研究其通信协议和安全特性是非常困难的。这些漏洞包括网络安全中的安全计算环境漏洞、控制协议自身漏洞、应用系统漏洞及 PLC 等控制器自身漏洞和后门等。我国重点行业工业控制系统漏洞挖掘研究的主要对象如下。

（1）软件漏洞。国内外主流的工业控制软件，如 SIEMENS WinCC、ICONICS GENESIS32、GE Digital Proficy iFIX 及亚控组态王等，容易受到攻击者的越权访问系统、执行恶意代码、拒绝服务等漏洞攻击。针对这些漏洞，需要及时修补并加强软件安全性的设计和开发，以减少工业控制系统受到的安全威胁。

（2）协议漏洞。除了常规的 Ethernet、ARP、IP、ICMP、IGMP、UDP 和 TCP 协议外，还有针对 Modbus、S7Comm、PROFINET、DNP 3.0、Vnet、OPC AE/DA/UA、《远程控制设备和系统 第 5-104 部分：传输协议 采用标准传输配置文件的 IEC 60870-5-101 网络访问（2.1 版）》（IEC 60870-5-104，2016）、《远程控制设备和系统 第 6 部分：与 ISO 标准和 ITU-T 建议兼容的远程控制协议 第 2 节：基本标准的使用（OSI 1～4 层）》（IEC 60870-6-2，1995）、《用于电力自动化的通信网络和系

统 第8-1部分：特定通信服务映射（SCSM）与MMS（ISO 9506-1和ISO 9506-2）和ISO/IEC 8802-3的映射》（IEC 61850-8-1，2011）MMS等主流工业控制系统专用通信协议的漏洞类型、机理和漏洞反利用方法。协议漏洞可能导致攻击者越权访问系统、执行恶意代码、拒绝服务等。为了防止协议漏洞的利用，需要对协议进行严密的安全设计和开发，以及加强对协议的安全测试和审计。

（3）设备漏洞。在我国占有率较高的工业控制设备，例如SIEMENS S7-300/400、Quantum PLC、Rockwell ControlLogix、Yokogawa Centum CS 3000及Honeywell PKS等的漏洞类型、机理和漏洞反利用方法，需要重点研究和关注。

由于我国工业控制设备的多样性、复杂性和国际网络空间环境的独特性，需要采用多种组合和深度融合的漏洞挖掘技术，以确保我国工业控制系统在采购、上线部署和版本升级的全生命周期阶段能够快速准确地挖掘漏洞威胁并进行漏洞风险管理。这样可以避免因各类工业控制设备的漏洞而导致国家基础设施受到攻击。

工业控制网络的控制协议和控制软件在设计之初主要是基于IT和OT相对隔离及OT环境相对独立而设计的。然而，目前IT和OT的深度融合打破了传统安全可信的环境，网络攻击可能从IT层渗透到OT层，最终渗透到生产工厂。因此，在进行工业控制系统漏洞挖掘时，不能独立于传统IT的漏洞挖掘，而应该考虑IT和OT融合环境下的漏洞挖掘思维。此外，在OT环境运行时，控制系统有严格的实时性、可靠性和稳定性要求，不能被外部干涉和干扰其工艺控制。因此，无法在正在运行的控制系统中进行漏洞发现和挖掘工作。

针对工业控制系统的漏洞挖掘，可以借鉴国外的经验，同时根据我国不同行业的关键基础设施，搭建满足不同行业、不同控制工艺、不同生产过程要求的仿真环境。在仿真环境中，采用网络博弈攻击的思维作为漏洞触发的诱因，在攻击双方各自采用自有安全策略的情况下，利用组合的漏洞挖掘技术，发现控制系统的漏洞及其利用过程。这样的策略可以用于真实的工业控制系统的安全防御，从而增强工业控制系统的安全防御能力。

3.5.3 工业控制系统漏洞挖掘测试技术

工业控制系统在生产运营中扮演着重要角色，因此其可用性是生产安全的首要保证。然而，我国许多控制系统都存在各种漏洞风险，并在线运行。一旦发生恶意攻击事件，将可能导致生产系统瘫痪、工艺破坏等问题，对生产安全造成不可预见的影响。

针对工业控制系统的漏洞挖掘，需要在分析控制系统网络特性、生产过程控制和控制协议的基础上，采用融合的有针对性的模糊测试技术。这种技术能够针对控制协议可能的异变情况，对控制协议的每一个字段进行正交变换，并构建不同工艺和控制状态条件下的畸形协议测试报文，以此来动态分析工业控制系统回馈信号的异常状态和动态解析，还原可被利用的漏洞和后门的轨迹过程。通过这种方法，可以进一步分析工业控制系统的运行状态的正确性和可靠性，以达到深度挖掘工业控制系统存在的各类未知漏洞的目的。

工业控制系统的漏洞挖掘原理主要是通过融合控制系统的控制协议深度包解析和深度流量分析技术来实现。针对不同行业控制系统的控制协议特点，构造特定的畸形测试报文，并分析控制系统的各种异常响应情况，以达到漏洞挖掘及其被利用分析的目的。

漏洞挖掘测试系统架构如图 3-10 所示。其过程为向特定的控制系统发送特定的控制系统协议报文，对工业控制设备和计算系统进行智能模糊测试，监视工业控制系统的响应报文，并分析报文中的错误信息，进而发现工业控制系统的漏洞或后门。通过这种方式，可以实现对工业控制系统的漏洞挖掘和风险管理，以保障工业控制系统的安全性和可靠性。

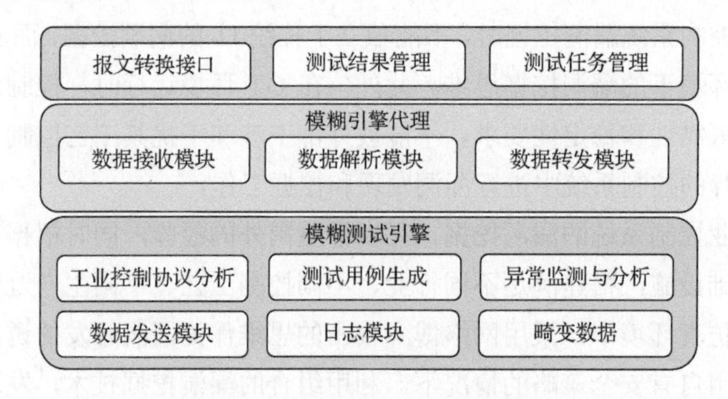

图 3-10 漏洞挖掘测试系统架构

构建比较完整、可扩展的漏洞挖掘测试报文是实现漏洞挖掘快速性和准确性的关键。针对特定的控制系统，通常正常的控制报文包括控制字段、协议类型、数据字段、校验和和长度等。只有当报文不符合正常的生产报文（即畸形报文）时，才有可能导致控制系统出现异常响应。因此，需要融合测试用例中包含潜在漏洞的报文语句来构建畸形测试报文。基于漏洞挖掘融合测试用例的构造流程如图 3-11 所示。

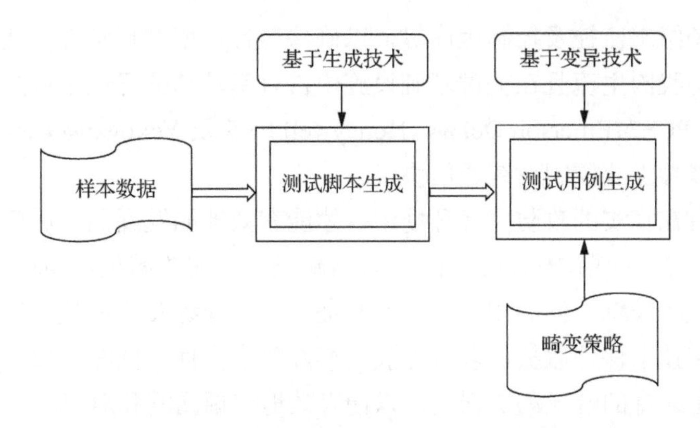

图 3-11　漏洞挖掘融合测试用例构造流程

工业控制系统漏洞挖掘的另一个重要问题是如何提高测试系统的利用效率和测试进度。为此，漏洞挖掘系统需要包含不同行业的控制系统和工艺控制应用软件，尤其是特殊行业的控制过程，例如石油石化行业的炼化工艺应用系统（如 PCS、APC、SCADA 等）、不同系统的控制协议（如 Modbus/TCP、PROFINET、OPC AE/DA/UA 等）以及国外核心交换机（如思科、罗杰康、西门子等），以保证测试环境的真实性。为了提高测试效率，除了提高测试系统的硬件配置，还需要采用多线程的测试方法来加速测试进度。

在采用多线程技术的智能模糊测试过程中，需要对“疑似漏洞”进行漏洞标识、信息关联、高危识别与等级定义。特别需要进行反复、多层次、不同测试环境下的分析测试，以此精确定位定制报文回馈的数据包，确定漏洞的真实性和可复现性。否则，误报结果可能会对工业控制系统的网络安全造成灾难性的影响。

3.5.4　工业互联网攻击靶场技术

在真实的工业互联网生产 OT 环境中，存在大量的网络安全事件，包括互联网对企业网的攻击、企业网对生产控制 OT 环境的攻击、OT 内部之间互相攻击、非合规外联、非法热点及 Wi-Fi 使用、非法外部介质的滥用等，这些事件都可能导致生产 OT 环境遭勒索病毒感染等。为了模拟这些网络安全事件的发生条件，工业互联网攻击靶场建设被提出。该建设旨在研究漏洞触发的环境及被利用的过程、病毒运行的轨迹等，以便更好地了解和应对工业控制系统的网络安全威胁。

工业控制系统漏洞挖掘的攻击靶场环境与一般的 IT 仿真环境不同，必须以真实的运行环境为基础，并满足以下几点要求。

（1）攻击靶场需要覆盖工业互联网控制系统的生产工艺、加工工序、流程生产环节、系统组态监控及控制程序等，以确保运行环境的真实性。此外，攻击靶场还必须支持我国主流且在关键基础设施中占有率较高的行业工业控制系统，例如 SIEMENS PCS7、Emerson DeltaV、Honeywell PKS 及 Yokogawa Centum CS 3000 等，并支持多种工业控制系统通信协议。

（2）只有在真实的攻防博弈环境中，才能有效地触发漏洞、后门被利用的条件，从而达到漏洞挖掘的目的。因此，攻击靶场不仅需要满足靶场功能业务要求，还需要实现攻防演练、漏洞挖掘、风险验证、应急演练及培训教育等全生命周期的能力提升和技术保障服务，以确保攻防博弈的真实性。同时，攻击靶场还需要支持发送特定编排的畸形测试报文，以便有效地挖掘漏洞和后门。

（3）攻击靶场平台需要实现多子系统之间的交互和调度的接口规约，同时也需要具备平台自身的安全保障功能。为了满足主动防御安全策略研究的需要，攻击靶场平台应支持不同的平台架构，并增加必要的网络安全主动防御措施。攻击靶场的多功能性需要在系统架构上得以体现。

在当前国际网络环境日益复杂的情况下，工业互联网未知漏洞成为一种稀缺的战略资源，一些针对国家关键基础设施进行的网络攻击，其威力巨大，可能给国家和人民造成不可估量的损失。由于任何一类工业控制系统都不可避免地存在一些威胁漏洞，因此利用攻击靶场平台测试环境，在攻防双方“对决”的环境下，漏洞的触发条件更为真实。在这个大网络安全时代，采用智能模糊测试技术，设计测试用例并构造变异报文，挖掘工业控制系统通信协议漏洞的效率和真实性更具有现实意义。

3.6 本章小结

随着工业控制系统从传统的封闭、专用系统向互联开放的系统转变，越来越多的通用 IT 设备、系统和软件被集成进来。尽管如此，IT 安全和工业控制系统安全仍存在重要的区别。

1. 安全三要素

传统的 IT 系统安全中，安全三要素的重要性排序为保密性、完整性和可用性。然而，在工业控制系统中，可用性是最重要的，其次是完整性和保密性。

2. 实时性

由于工业控制系统安全防护需要实时性，因此其要求比 IT 系统安全要求级别更高。在工业控制系统中，异步或不实时的行为，例如病毒软件的更新等，会对其他设备操作指令的实时性造成影响。同时，在IT系统安全中使用的防火墙等复杂的安全措施，如果直接在工业控制系统中使用，也会造成现场设备的操作延时。

3. 计算资源和性能

由于工业控制系统现场控制设备的计算资源和功耗都是有限的，因此IT系统安全中复杂的加密算法和安全协议在工业控制系统中的使用都是受限的。

4. 软硬件的升级

在IT系统中，对软硬件的升级、打补丁等操作通常会导致系统部分或全部重启。然而，在工业控制系统中，这种重启操作通常是不可接受的，因为可用性在工业控制系统安全中是最重要的。

5. 事故的后果

针对IT系统的信息安全或数据安全，安全事故的后果一般是信息泄漏、经济损失或名誉破坏等。然而，在工业控制系统中，由于其直接联系物理世界，信息安全事故往往通过现场设备的操作失败体现出来。这种失败可能导致严重后果，如环境破坏、人身伤害等。

6. 协议自身的安全性

工业控制系统的大多数控制协议在设计之初缺乏安全性考虑，因此这些协议自身的安全防范性很差，甚至几乎没有。由于这些协议在控制系统中长期使用，重新设计新的安全的工业控制协议短期内是不可行的，这与IT系统的协议有很大的区别。因此，传统IT系统安全的解决思路是发现漏洞，然后打补丁；而工业控制系统安全的解决思路是全面的安全评估，对安全漏洞和风险做充分分析，然后根据系统特点采取不同的应对措施。因此，工业控制系统的安全研究可以分为两个层次：一是系统级别的安全，包括整个系统的威胁分析、脆弱性分析，以及系统的风险分析和评估；二是组件级别的安全，包括工业控制系统的密钥管理、安全防护，安全数据分析、监控和预测等。

参考文献

[1] 胡道元, 闵京华. 网络安全[M]. 北京: 清华大学出版社, 2008.

[2] Dessimoz D, Richiardi J, Champod C, et al. Multimodal biometrics for identity documents (MBioID) [J]. Forensic Science International, 2007, 167(2-3): 154-159.

[3] Matthew T, Alex P. Eigenfaces for recognition[J]. Journal of Cognitive Neuroscience, 1991, 3(1): 71-86.

[4] Zhang D, Kong W K, You J, et al. Online palmprint identification[J]. IEEE Transactions on Pattern Analysis and Machine Intelligence, 2003, 25(9):1041-1050.

[5] Ratha N K, Karu K. A real-time matching system for large fingerprint databases[J]. IEEE Transactions on Pattern Analysis and Machine Intelligence, 1996, 18(8):799-813.

[6] 伍育红, 胡向东. 工业互联网网络传输安全问题研究[J]. 计算机科学, 2020, 47(z1): 360-363, 380.

[7] Karati A, Fan C I, Zhuang E S. Reliable data sharing by certificateless encryption supporting keyword search against vulnerable KGC in industrial internet of things[J]. IEEE Transactions on Industrial Informatics, 2022, 18(6): 3661-3669.

[8] Patel S C, Sanyal P. Securing SCADA systems[J]. Information Management and Computer Security, 2008, 16(4): 398-414.

[9] 彭勇, 江常青, 谢丰, 等. 工业控制系统信息安全研究进展[J]. 清华大学学报(自然科学版), 2012, 52(10): 1369-1480.

[10] Anton S D D, Fraunholz D, Krohmer D, et al. The global state of security in industrial control systems: An empirical analysis of vulnerabilities around the world[J]. IEEE Internet of Things Journal, 2021, 8(24):17525-17540.

[11] 尚文利, 安攀峰, 万明, 等. 工业控制系统入侵检测技术的研究及发展综述[J]. 计算机应用研究, 2017, 34(2): 328-333, 342.

[12] Tavallaee M, Stakhanova N, Ghorbani A A. Toward credible evaluation of anomaly-based intrusion-detection methods[J]. IEEE Transactions on Systems, Man, and Cybernetics, Part C (Applications and Reviews), 2010, 40(5):516-524.

[13] Li W J, Meng W Z, Kwok L F. Surveying trust-based collaborative intrusion detection: State-of-the-art, challenges and future directions[J]. IEEE Communications Surveys & Tutorials, 2022, 24(1):280-305.

[14] 尚文利, 石贺, 赵剑明, 等. 基于 SAE-LSTM 的工艺数据异常检测方法[J]. 电子学报, 2021, 49(8): 1561-1568.

第4章

工业控制系统信息安全防护解决方案

■ 4.1 系统内部信息安全防护

在分析工业控制系统信息安全模型的基础上，应重点关注工业控制系统信息安全防护技术的研究[1]。本节研究对象为工业控制系统在线环境和安全测试环境，从检测评估、安全防护、防护流程三个维度研究“多维一体、体系防护”的工业控制系统信息安全防护技术框架，如图4-1所示。

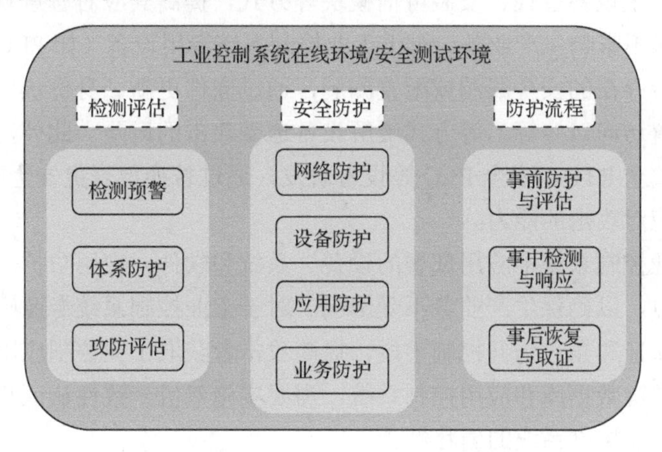

图4-1　工业控制系统信息安全防护技术框架

1. 检测评估

检测评估维度包括检测预警、体系防护和攻防评估。针对工业控制系统接入专用网络和互联网所面临的威胁，需要进行全时段、全流量及多业务分析，以构建早期异常行为和攻击前兆特征的发现、预警能力，并提供工业控制信息安全事件的追溯能力。为确保工业控制系统生产安全，需要采取流量监控、分域防护、边界保护和密码加固等手段，构建纵深防护体系，并提供针对不同行业特点的工业控制信息安全解决方案和服务，以强化工业控制信息安全管理能力，保障工业控制信息系统的运行安全。此外，还需要以高逼真度工业控制系统攻防仿真环境为基础，分析工业控制网络、协议、设备、系统、应用、软件及工艺流程等方面存在的漏洞，并评估其存在的风险，以提升工业控制设备、系统、方案的安全性和可靠性。

2. 安全防护

安全防护维度包括网络防护、设备防护、应用防护和业务防护。为加强网络防护，需要遵循“安全分区、网络专用、横向隔离、纵向认证”等安全原则，采用网闸设备、防火墙/工业控制防火墙、通信加密认证装置等产品，实施网络分域防护、边界防护、网络通信加固等措施，以提高网络安全性。同时，需要部署工业控制系统态势感知系统，通过网络探测感知、业务分析、威胁监测等手段，掌握工业控制系统的非法外联设备、安全漏洞、威胁告警等态势信息，以提升工业控制系统的安全性。

针对工业控制系统中部署的设备平台（如数据库服务器、工作站等），设备防护采取国产自主设备替代、安装可信模块等方式，提高其应对恶意软件攻击的能力，同时确保不影响生产业务。对于工业控制系统专用设备（如 PLC、RTU 等），需要针对设备存在的安全漏洞或配置漏洞，通过固件更新、身份认证增强（如设置高强度配置访问口令等）等方式缓解设备遭受攻击的风险。此外，国内已有相关厂商进行安全 RTU、安全 PLC 等设备研发，通过替换部署更安全的控制设备，进一步提升应对攻击的能力。

针对工业控制系统中应用部署的设备、系统和软件，应用防护需要实施安全漏洞补丁修复，以确保生产业务不受影响。对于工业控制系统专业应用软件，需要加强身份认证和角色访问控制手段，提高攻击者获取工业控制应用控制权限的难度。针对关键数据库和应用控制系统，需要实施双机一致性认证和容灾备份手段，以提升工业控制系统的健壮性。

业务防护需要采用流量监控、工业控制系统防火墙、业务数据分析系统等产品，结合工业控制系统工艺流程，对工业控制协议进行深度解析，分析业务执行逻辑关系，实现工业控制系统工艺流程业务的深度识别和合法性判定。通过此方式，可以识别和阻断“错误的时间出现的正确业务报文”“非授权操作人员执行的正确业务操作报文”“逻辑顺序错误的合规业务报文”等非正常业务操作，从而提高工业控制系统的安全性。

3. 防护流程

安全防护十分重要，选择正确的流程是成功的关键，以下是相应流程。

1）事前防护与评估

为加强工业控制系统的安全性，需要通过多层次防护手段实施立体防护。对于上线前的工业控制设备和系统，需要实施漏洞挖掘、分析和安全评估，以确保系统在上线前就具备较高的安全性。对于上线后的工业控制系统，可以在不影响现有业务的前提下，实施在线的渗透测试、流量监测、漏洞扫描探测等，以分析和评估目标系统的安全状态，获取目标系统的安全态势信息。这些措施可以有效提升工业控制系统的安全性。

2）事中检测与响应

为保障工业控制系统的安全运行，需要采用流量分析、日志分析等手段，通过漏洞攻击特征匹配、基于行为的攻击检测、业务报文逻辑分析等技术，实现攻击入侵行为的检测和日志记录，并进行威胁等级判定和实时预警。同时，通过工业控制防火墙实现威胁阻断，启动相关应急响应机制和流程，以保证生产系统的正常运行。这些措施可以有效提升工业控制系统的安全性。

3）事后恢复与取证

在发现攻击入侵行为后，需要采取不同的措施进行应对。对于识别并阻断的入侵行为，需要实施审计、取证和溯源分析，以确定攻击来源和入侵路径，从而改进防御措施，提高系统安全性。对于造成破坏效果的攻击，需要启动应急响应机制和流程，迅速开展生产业务恢复，并开展安全审计、攻击取证和溯源定位，以确定被攻击的系统和数据，并尽快修复受损的系统和数据。这些措施可以有效应对攻击事件，保障工业控制系统的正常运行和安全性。

根据以上步骤进行安全防护，完成事前、事中、事后的相应准备及工作，最大限度地进行安全防护。

4.1.1 嵌入式系统安全技术

1. 嵌入式系统特点

从结构体系上来看，嵌入式系统与 PC 有很大的相似之处，它们都属于计算机体系结构下的计算平台。可以说，嵌入式系统是通用计算机的变形和扩展，以满足各种不同的应用需求和计算场景[2]。

同时嵌入式系统又有着不同于 PC 的地方，具体如下。

1）计算性能不如 PC

嵌入式系统的处理器性能通常不如 PC，其工作主频一般较低。然而，随着集成电路技术的发展，许多嵌入式系统的处理器性能正逐渐接近通用 CPU，它们之间的差距不断缩小。从计算场景的角度来看，嵌入式系统的处理器并不适合进行复杂度高和运算量大的计算，因此，嵌入式系统的处理器不支持可信计算。

2）体系架构的差异

虽然嵌入式系统在体系结构上与 PC 运行机制和原理相似，但 PC 主要采用 X86 体系结构和指令集，而嵌入式系统存在多种不同的处理器体系、架构和指令集，例如 ARM、MIPS 和各种 MCU。它们支持的操作系统和开发应用方式也不尽相同。因此，在嵌入式系统中，许多基于软件机制的安全应用程序在 PC 中可能不适用。

3）应用对象和场景各异

由于嵌入式系统类型多样，数量众多，应用领域广泛，因此其计算平台从架构到性能、外形、应用环境等方面都比 PC 要复杂得多。各种不同的应用需求和计算场景决定了嵌入式系统不可能像 PC 那样采用一种模式适用于所有情况。

4）便携性强

尽管嵌入式系统的计算性能可能不如 PC，但其便携性却优于 PC。智能手机和平板设备等嵌入式系统中包含了众多个人信息、文件、金融交易密码等重要数据，这类嵌入式系统的安全性要求更高。从嵌入式系统的特点及与 PC 的比较可以看出，嵌入式系统的应用需求多元化，系统运行计算的环境多样化，有些计算场景的安全性需求甚至高于 PC。这些应用需求和计算环境多样化、多元化的特点决定了嵌入式系统在使用中所面临的安全威胁也是多样化的。

针对嵌入式系统运行中的不同特点和需求，企业不能简单地照搬现有的安全机制设计模式，而应该根据嵌入式系统自身的特点和安全需求进行研究，提出可行的安全机制和硬件机制。

2. 嵌入式系统安全的重要性

随着集成电路技术的快速发展，各种计算平台的处理器性能显著提高，这也促进了移动互联网等应用领域的发展。处理器性能的提高使得嵌入式计算平台的性能与 PC 之间的差距越来越小，以前只能依靠 PC 完成的工作，现在可以利用智能手机、平板电脑等设备同样完成。这种变化使得嵌入式计算平台的应用领域和使用规模不断扩大，其计算场景涵盖了个人信息、金融财务、工业控制及国防军工等各个行业，可谓无处不在。

随着嵌入式计算平台的发展，其安全性也变得越来越重要。由于针对嵌入式计算平台的破坏可能导致个人信息泄漏、财产损失，甚至对基础设施等造成巨大威胁，因此对其安全性的保护显得尤为重要。嵌入式系统开发者需要高度重视嵌入式计算平台的安全性，并采取相应的安全措施。

3. 嵌入式系统的安全分析

嵌入式系统是一种计算机形式，通常指微处理机计算系统嵌入在设备中。嵌入式系统具有智能化、灵活性、操作简单、功能强大、结构紧凑和可靠性高等特点，广泛应用于制造、通信、仪器仪表、航空航天、军事和消费电子等领域。嵌入式系统的安全问题不容忽视，可信计算是一种有效的安全机制，在通用计算平台中起着重要作用。许多 PC 特别是便携式笔记本，都安装了可信平台模块（TPM）以提高平台安全性。然而，在嵌入式系统中，类似的可信计算产品比较少，这与嵌入式系统中可信计算的研究力度不足有一定关系。TPM 规范主要针对通用计算机系统的可信计算平台进行设计。因此，国内外的学术界将嵌入式系统的可信计算视为可信计算研究的一个重要分支，进一步拓展了可信计算领域的研究范围和应用深度。

4. 嵌入式系统的安全要求

嵌入式系统容易受到恶意实体的攻击和破坏。考虑到嵌入式系统计算的特点及其所面临的攻击类型，嵌入式系统的安全要求可以大致分为以下几个方面，如图 4-2 所示。

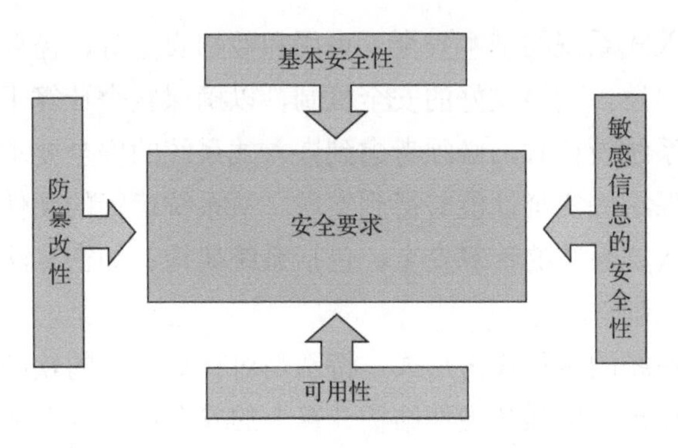

图 4-2　嵌入式系统的安全要求

1）基本安全性

基本安全性是指一组安全要求，包括数据的保密性、完整性和可认证性等。对于嵌入式系统，只有经过认证的用户才能访问其资源。此外，只有经过授权的嵌入式系统才能访问和使用外部的网络和服务。为了保证这些安全要求，可以采用用户授权认证、主机授权认证和其他新型认证方式。

2）可用性

可用性是嵌入式系统安全性的一个重要功能。当遭受攻击时，攻击者通过持续攻击嵌入式系统，致使其无法正常运行或性能下降，从而拒绝合法用户的服务请求。因此，可用性是嵌入式系统安全性中非常重要的要求之一。

3）敏感信息的安全性

在嵌入式系统的整个生命周期中，敏感信息的安全性必须得到保证，包括系统中的关键信息和敏感信息（包括代码和数据）的保护，并在生命周期结束后严格擦除。安全存储是为了保证嵌入式系统存储设备中重要数据的安全性而设计的，无论是嵌入式系统的内部设备还是外部设备都必须受到存储安全的保护。为确保嵌入式系统中的数据内容只有在被授权的情况下才能被访问，必须采用相应的授权机制。

4）防篡改性

防篡改是防止机密信息被篡改的安全机制。在逻辑或物理上入侵时，系统必须能够保护机密信息不被篡改。安全要求也是研究嵌入式系统的硬件安全机制时需要重点分析和研究的对象。

以上是判断嵌入式系统是否安全可靠的参考因素，只有各项性能完好才能经受住外界恶意实体的攻击和破坏。

5. 基于可信计算的嵌入式系统

为了保证嵌入式系统的基本安全、可用和数据安全等，需要从硬件安全机制和系统架构设计出发，建立良好的安全机制，以确保整个计算平台的可信性。在进行可信嵌入式系统设计时，必须考虑到嵌入式系统的安全要求，从系统的架构到运行机制，确保这些安全性能够得到实现。从系统运行的硬件安全机制角度出发，需要建立嵌入式系统的计算安全，包括系统架构、加密算法实现机制及硬件安全特性等硬件机制[3]。

针对嵌入式系统的多种攻击形式，特别是对计算平台的软硬件攻击，需要在系统的整体架构设计上增强其硬件结构计算上的安全性，以保证系统基础可信和总体安全性。具有计算安全特性的嵌入式系统的体系结构设计应该着重于可信和安全的结合，由计算可信支撑安全，有效保障安全策略和机制能够正确实施。在嵌入式系统的架构设计中，必须实现安全增强的硬件机制设计，以提高计算平台的安全运行能力。不能只依靠基于软件的安全防护，而是应该从计算平台的硬件安全机制上提高整个系统的安全性。

针对各种计算平台的攻击方式，入侵者易于攻击采用通用架构设计的计算平台，因为其运行机制是公开透明的，其系统架构本身就缺乏安全性考虑。而基于安全增强的系统设计从硬件机制上为系统安全添加了一层防护，使得常规的入侵方式很难绕过。在架构的安全设计上，需要实现系统运行的存储安全、进程安全和接口安全等要素，从硬件机制本身保障系统的运行机制。可信计算的架构方式是一种有效的安全增强方法。在系统架构上，将可信平台模块融入系统的安全性架构中，从计算平台运行的硬件安全机制上确保计算平台建立起可信计算的工作环境，提高计算平台的整体安全性。硬件设计方法也需要进行相应的改进和加强，以满足安全性的要求。

集成电路的发展和各种硬件设计方法的创新为系统架构上的安全性设计提供了技术保障。在进行硬件系统架构设计时，不再局限于传统的方法和模式，可以采用更加新颖和灵活的方式实现电路和系统的设计。对于嵌入式系统等多样化的系统架构计算平台，基于现场可编程门阵列（FPGA）的硬件设计方法满足了这种设计需求。采用 FPGA 的设计方法和手段，并采用动态可重构的设计方式，可以为在计算平台上实现可信计算的动态信任链提供有效的技术支持。同时，系统设计中的其他硬件安全机制特性也可以通过 FPGA 的设计进行实现和验证。

4.1.2 虚拟化技术

1. 虚拟化技术概述

虚拟化是一种资源管理技术，它将各种实体资源抽象转化，使 IT 系统的物理拓扑图与逻辑拓扑图无关，为使用者提供虚拟化逻辑资源，这些资源与实体资源无差别。虚拟化的主要目的是提高硬件资源利用率，提高运维和管理效率，实现隔离性、可扩展性、安全性和资源可充分利用等特点。虚拟化涉及的范围包括服务器、存储、应用程序、平台和桌面虚拟化等。虚拟化最早由克里斯托弗在 20 世纪 60 年代的一篇学术报告中提出，随后 IBM 公司发布了 IBM 7044，使虚拟化技术在商业系统上实现。20 世纪 90 年代末，VMware 推出了可以在 X86 平台上应用的商业虚拟化软件，自此之后，虚拟化技术得到了突飞猛进的发展。随着云计算的崛起，虚拟化技术成为实现云计算服务的关键技术之一。目前，虚拟化技术已成为信息科学领域的热门技术之一，备受知名企业和专家学者的重视[4]。

2. 虚拟化技术的分类

按照硬件资源调用模式对虚拟化技术分类，可以分为以下三类，包括全虚拟化、半虚拟化和硬件辅助虚拟化。

1）全虚拟化

全虚拟化通过处于硬件之上的虚拟机监视器（VMM）层来捕获并处理来自虚拟机对底层硬件的操作，从而实现虚拟机与物理硬件的隔离。在全虚拟化中，用户操作系统可以完全不需要修改地直接运行在 VMM 层的虚拟机中。IBM CP/CMS、KVM 和 VMware Workstation 等都是全虚拟化技术的代表。

2）半虚拟化

与全虚拟化不同，半虚拟化需要对客户操作系统进行修改，才能够运行在VMM层的虚拟机中。由于客户操作系统经过修改，可以更好地与 VMM 配合运行在物理机之上，从而省去了很多指令翻译时间，减小了系统的性能开销。Microsoft Hyper-V、VMware vSphere 等都是半虚拟化技术的典型代表。

3）硬件辅助虚拟化

Intel VT 和 AMD-V 是硬件辅助虚拟化技术代表，它们将新的指令集和处理器运行模式加入到 CPU 中，使虚拟操作系统能够直接调用硬件资源。这种技术可以提高虚拟化系统的性能和效率，减少虚拟化过程中的指令翻译时间和系统开销。Intel VT 和 AMD-V 是目前广泛使用的虚拟化技术，在云计算、服务器虚拟化等领域得到了广泛的应用。

3. 虚拟化的安全分析

虚拟化技术作为云计算的核心技术，普及率越来越高。随着虚拟化技术的广泛应用，虚拟化环境的安全问题受到了人们的重视[5]。有效处理虚拟化环境的安全性问题是关系到虚拟化技术乃至云计算发展的重要问题。早发现、早预防虚拟化环境的安全风险，能够给虚拟化环境的安全部署带来极大的好处。相较于传统物理机运行方式，虚拟化技术具有更为显著的安全优势。在虚拟化物理机上部署应用程序，能够享受更高级别的安全保障。

（1）更小的可信计算基。虚拟化技术的实现主要通过 VMM 实现，VMM 位于物理硬件和虚拟化产品之间，具有较高的系统权限。作为虚拟化技术的关键组件，VMM 因其精简的代码基数而著名。根据计算机软件行业的普遍规律，代码量与潜在的安全漏洞之间存在正相关关系，即每千行代码大约存在一个漏洞。因此，VMM 较少的代码量意味着潜在的安全漏洞数量少，从而提高了系统的整体安全性。由于 VMM 提供了一个更小、更可信赖的计算基础，用户在初始环境中的安全性得到了显著增强。因此，相较于在传统操作系统环境中操作的用户，那些在 VMM 管理的虚拟机内操作的用户能够享受到更高水平的安全保障。

（2）隔离性更好。虚拟化产品通过在虚拟机和底层物理硬件之间添加 VMM 实现资源的抽象转换和隔离机制。VMM 可以将物理资源按需分配给虚拟机使用，从而实现隔离机制。VMM 负责保障这种隔离机制，使虚拟机可以在独立和隔离的环境中创建，并且可以在一台物理机上运行多种操作系统，从而使跨操作系统分配工作负载变得更为简单。由于隔离机制的保障，如果一个虚拟机中的应用程序崩溃，也不会影响运行在同一物理机上的其他虚拟机。

（3）数据恢复快速。在传统的计算环境中，如果用户程序遭到攻击，很容易造成整个系统的崩溃。一旦系统崩溃宕机，重启后数据很难得到恢复。然而，虚拟化技术将物理硬件与逻辑起源分开，使数据恢复工作变得简单。在采纳虚拟化技术的前提下，用户得以实施预置的数据备份策略。一旦用户的虚拟机在运行过程中遭遇安全漏洞、恶意攻击或任何非预期的系统崩溃，可通过备份的数据实现快速的系统恢复，此过程不受物理硬件的限制。这种数据备份与恢复机制显著提升了数据复原的可靠性和效率，从而保障系统的持续稳定运行与安全性。

事物都有两面性，虚拟化技术有许多安全优势的同时也存在安全风险。体现在虚拟机上的主要安全风险如下。

（1）虚拟机之间流量不可视。在虚拟化环境中，一台物理机可以同时运行多个虚拟机，并通过虚拟化平台提供的虚拟交换机进行通信。然而，不同虚拟机中的用户可能会相互攻击，传统的安全防护措施可能无法满足安全需求。

（2）虚拟机之间共享资源存在竞争与冲突。在虚拟化环境中，多个虚拟机共享同一物理资源，这可能会对虚拟机之间的隔离性造成安全威胁。如果未对虚拟机内的应用权限进行适当管理，可能会导致资源非法占用、数据泄漏等安全问题。

在运用虚拟化技术时，需要首先解决可能出现的安全风险，以确保后续工作的顺利进行。

4. 传统虚拟化隔离方法

在虚拟化技术问世和成熟之前，为了确保多个业务的独立性和安全性，企业通常会建立和维护两个甚至多个物理网络，以运行不同的关键业务。这种多个物理网络带来的问题如下。

（1）维护不便。拥有多个独立的物理网络会让网络管理员在基础网络管理和安全策略部署方面的维护工作量成倍增加。

（2）成本高昂。需要购买的网络硬件和软件资源成本成倍增加。

（3）利用率低。多个物理网络分别承载不同的关键业务，导致网络资源整体利用率低，而且利用率不平衡。例如，某些网络设备的负载过高，而某些网络设备的负载过低，从而无法实现资源共享，无法充分利用企业现有的网络资源。

（4）灵活性差。当企业的业务发生变化（例如业务整合、部门合并或分离等）时，需要对现有的业务隔离模式进行调整。如果这些业务分别承载在多个相互隔离的物理网络上，那么对业务的整合和互访控制将变得非常复杂，甚至难以实施。

5. 逻辑虚拟化隔离方法

随着网络技术的发展，虚拟化技术得到了广泛的应用。虚拟化是在一个物理网络上实现隔离，并提供等同的安全保证。同时，虚拟化技术还可以灵活控制某条虚拟通道中的业务对其他虚拟通道的访问。

虚拟化技术根据隔离的层次可以分为VLAN和VPN两种技术。

1）VLAN技术

VLAN 是一种二层隔离技术，其原理是在交换机上划分多个 VLAN。一个VLAN内的用户是相互可访问的，但一个VLAN的数据包在二层交换机上不会发送到另一个VLAN，这样其他VLAN的用户就无法接收到该VLAN的数据包，从而确保了该VLAN的信息不会被其他VLAN的用户所窃听，从而实现了信息的保密[6]。

VLAN是逻辑上对网络进行划分，组网方案灵活，配置管理简单，降低了管理维护的成本。在二层网络中，VLAN是一种安全高效的虚拟化技术。

（1）VLAN用户之间的三层隔离部署。

VLAN的安全隔离仅限于二层网络。但是，二层网络在可扩展性、性能和故障排除方面存在一定的局限性。因此，在园区网络中，核心和汇聚层经常使用三层交换技术。当网络中存在三层转发设备时，除了使用VLAN将用户和业务进行隔离外，还必须考虑在三层转发设备上对用户的互访进行控制，即部署访问控制列表（ACL）。这样，可以进一步提高网络的安全性和可靠性。

如图4-3所示，不同VLAN的用户可以通过中间的路由器将一个VLAN的报文转发到另一个VLAN，从而实现互访。因此，VLAN的隔离在三层转发设备上终止后，还需要在三层转发设备上部署ACL，以控制各个VLAN内业务的互访。这样可以进一步提高网络的安全性和可靠性。

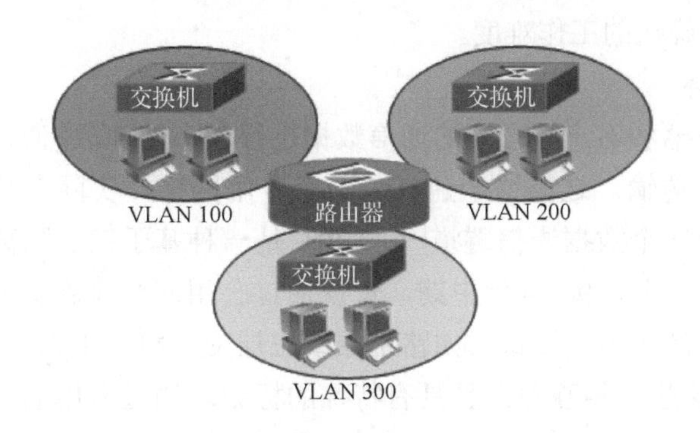

图 4-3 VLAN 用户之间的三层隔离部署

（2）VLAN+ACL 隔离技术分析。

自 20 世纪 90 年代以来，通过 VLAN 实现二层隔离，通过 ACL 控制三层互访的方式已经被广泛应用。然而，随着网络规模的增大和网络业务的增加，用户对网络安全性、稳定性、可靠性和利用率的要求也越来越高。因此，VLAN+ACL 的方式逐渐暴露出以下不足。

① 大规模部署困难。随着网络规模逐步增大以及需要隔离和互访的业务增多，ACL 访问控制策略的部署也成倍增加。这对企业网 VLAN 规划和 IP 地址规划提出了更高的要求。如果 IP 地址规划不规律，将导致 ACL 策略部署的难度急剧增加，甚至无法实施。

② 存在潜在的安全漏洞。大量的 ACL 部署不仅加重了网络管理员的设计和配置工作量，而且增加了网络管理员设计不全面或配置错误的可能性。这种潜在安全漏洞随着网络规模的增大而显著增加。

③ 链路利用率低。在二层网络的一个广播域中，不能出现环路，因此会将部分冗余链路阻塞，导致链路资源空闲。

④ 网络收敛慢。为了避免环路，二层网络通常会部署 STP/RSTP/MSTP 协议来维护网络的链路状态。然而，一旦网络出现故障，STP/RSTP/MSTP 协议需要一定的时间来重新收敛。这个时间一般在 2 s 到 30 s 之间，并且在收敛过程中也有可能出现环路，导致网络转发错误。

⑤ 网络稳定性不高。二层网络容易遭受广播风暴、地址解析协议（ARP）攻击等攻击，这些攻击会导致网络拥塞、转发不通，从而影响网络的整体稳定性。

⑥ 灵活性不高，管理维护困难。在网络的扩展与业务增长过程中，大规模部署访问控制列表（ACL）导致在原有设备与新添设备上必须同步配置众多额外的 ACL 规则，这不仅显著提升了网络规划与实施的复杂性，而且加大了操作的难度。同时，若网络发生通信中断或出现安全漏洞等问题，大量 ACL 的存在将极大增加

故障诊断和问题确认的工作难度。

2）VPN 技术

VPN 对服务器和客户端之间的通信数据进行加密处理，并通过一条专用的数据链路进行安全传输。这类似于建立了一个专用网络，实际上是利用加密技术在公网上创建了一个数据通信隧道[7]。VPN 是一种基于三层隔离技术的虚拟私有网络，始于 20 世纪 90 年代中期，旨在通过公用网络设施实现类似专线的私有连接。其原理是在转发设备（如路由器或三层交换机）上为每个 VPN 建立专用的 VRF 表，这些表相互独立且具有特殊的标记。通过专用的隧道（如 GRE、MPLS、TE、IPsec、L2TP 等）将各 VPN 数据在公共网络上进行转发。这些特殊的标记可以使 VPN 数据在 VRF 和专用隧道中相互隔离，从而保证 VPN 数据的隐秘性。

VPN 是一种基于三层隔离技术的网络，不需要使用 ACL 进行控制，而是直接使用专用的 VRF 对各个 VPN 进行隔离，如图 4-4 所示。每个 VRF 维护着独立的路由转发表，这样一个 VRF 的报文就不会进入到其他 VRF 中进行转发，从而实现了各个 VPN 之间的安全隔离。如果需要实现 VPN 之间的互访，可以通过控制 VRF 间路由的引入来实现。这样，VPN 间路由的引入就变得可控和易于查看，方便管理员进行维护和部署。通过将 VPN 与 VLAN 进行映射，可以实现端到端的安全隔离。

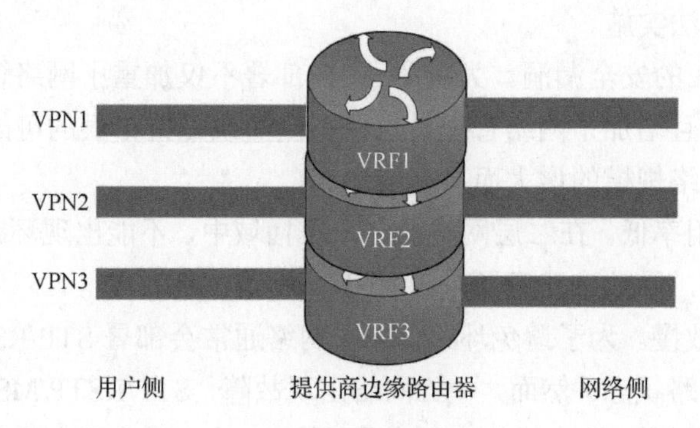

图 4-4 VPN 隔离技术

4.1.3 固件安全更新校验技术

1. 嵌入式系统与固件的关系

广义上来说，嵌入式系统是一种除了以通用计算为目的的计算机系统之外的系统。随着信息技术和计算机技术的不断发展，各种嵌入式系统层出不穷，从人们日常生活中的电话、手机、个人数字助理、传真机、平板电脑到工业控制领域的各种嵌入式程控设备及航空领域的各种控制设备等，嵌入式系统在日常生活中无处不在。嵌入式系统与通用计算机系统的区别在于，嵌入式系统是专门用于完成某一项任务或只适用于某一领域的。嵌入式设备通常只包含特定任务或环境下必不可少的功能，而去掉那些为了完成通用任务而设计的功能，这样相较于通用计算机系统而言，就简化去除了许多不必要的模块。此外，一些嵌入式设备并不是独立存在的，这些小的嵌入式设备组合在一起，可组成一个大的设备，以协调完成某个领域的某些工作。

嵌入式系统是由硬件和运行在硬件设备上的专用软件组成的，具有自动化程度高、响应速度快、可随意剪裁等优点，适用于人们生活和工作中的各个领域。通常情况下，嵌入式系统的硬件由微处理器、控制器、传感器、定时器等组成。嵌入式系统的软件通常分为应用软件和系统软件两部分。固件是指存储在只读存储器或闪存芯片上的为嵌入式系统编写的程序组件。嵌入式系统中的固件是一个嵌入式产品中最基础、最底层的软件组件，也是嵌入式系统实现其功能的根本组件。例如，对讲机上运行的嵌入式操作系统、各种硬件驱动及各种网络协议栈共同构成了一个对讲机设备的固件。固件可以通过特定的程序进行刷新，以更改嵌入式系统的功能或修复设备缺陷。

随着计算机技术的不断发展，各种嵌入式设备的功能越来越多，越来越复杂，有些甚至比早期的计算机功能还要强大。例如，现在的手机除了有最基本的通话功能外，还具有短信、彩信、照相、音乐、电子邮件、网络浏览、GPS、蓝牙等各种功能，宛如一个随身携带的小型计算机系统。随着嵌入式设备功能的不断增长，嵌入式设备固件在嵌入式设备中扮演着越来越重要的角色[8]，下面以嵌入式设备为例对固件升级和更新校验技术进行介绍。

2. 固件升级的基本流程

固件升级工作可以从逻辑上分为以下三个步骤。

（1）更新触发。固件的更新过程通常包括以下几个步骤：从客户端发起固件升级会话，服务器端接收到请求并获取设备信息，搜索服务器内更新包资源，然后将可用的升级信息发送给客户端。

（2）更新包下载。该步骤是指固件更新包从固件更新服务器通过通信网络传输到待更新设备的过程。

（3）更新包安装。在固件更新包下载完毕后，嵌入式设备内部运行的更新客户端模块会进行新版本固件文件的生成及安装。一旦安装程序执行完毕，更新客户端会将更新结果返回给服务器端。

3. 固件更新校验

随着嵌入式设备处理器的速度越来越快、存储空间越来越大、功能越来越多，运行在它上面的固件也越来越复杂。这种复杂性可能会导致嵌入式设备出现软件错误和设计缺陷，而且这些错误和缺陷不仅仅体现在应用层，也可能出现在软件的系统层面，即系统固件层。同时，一些新的业务功能的增加或改进也需要与系统固件层进行交互。嵌入式设备固件更新校验可以解决以下问题。

（1）通过更新设备固件可以改进原有嵌入式设备的工作效率，使之以更快速、更高效的状态工作。

（2）嵌入式设备在使用过程中可能遇到应用环境和设备硬件更新的情况，这可能导致设备兼容性问题。为了解决这个问题，需要通过更新设备固件来完成设备的兼容性问题，以使设备能够在新的环境下正常工作。

（3）设备生产厂商可以通过更新设备固件来添加新功能和删除当前无用的功能。这种方式可以在不更改硬件的情况下完成新功能的发布，从而为设备增值，具有积极意义。

（4）通过更新设备固件来修复设备中存在的错误和缺陷，可以最大程度地减少客户的损失，且无须召回设备。这种方法可以有效地解决设备问题，同时减少召回设备所需要的成本。

4.2 区域边界信息安全防护

区域边界信息安全防护是一种安全机制，部署在内部区域和外部通信网络之间，承担着保障区域内部信息系统完整性和可用性的防护功能。随着网络通信技术的飞速发展、高速网络应用的日益增多和远程攻击手段的复杂化，区域边界信息安全防护机制日益完善。

4.2.1 纵深防御技术

纵深防御这一术语源自军事防御战略。在信息安全领域，纵深防御指的是管理者将信息资产分层防御，以阻止偶然攻击者试图非法访问。根据不同的安全需求，将系统划分为不同的安全域，一个安全域是具有共同安全需求的物理、信息和应用资产的逻辑组。安全域可以进一步划分为子域，并且可以是与资产位置无关的虚拟域[9]。

1. 纵深防御的原则

纵深防御是指针对不同的安全域实施不同的安全策略。每个安全域都有一个边界，对域内资产的访问可能来自内部或外部。纵深防御体系根据攻击源来自系统内部或外部提供不同的保护。在安全域边界之间部署了防火墙等访问控制设备，进行数据流的访问控制。从安全的角度来看，系统的多个层级或区域提供实现纵深防御的基础。当网络拓扑发生变化或设备内部配置调整时，需要重新划分安全域。

纵深防御的关键在于加强安全域的边界防御。需要在不同的级别上应用不同的保护措施，例如主机级别、网络级别等。每个级别在保护时都可以部署反恶意软件系统、入侵检测系统、防火墙等安全措施。在主机级别应用保护措施时，所有的服务器和工作站上都应该部署基于主机的入侵检测系统和防火墙。在网络级别应用保护措施时，应在内部网络和非军事区（DMZ）部署基于网络的入侵检测系统、网络防火墙等安全措施。

2. 工业控制网络的纵深防御体系结构

纵深防御策略的应用有其基本原则，需要结合工业控制网络的特点，设计出工业控制网络纵深防御体系结构。在该体系中，防火墙和入侵检测等关键设备发挥着重要作用。通过纵深防御体系的设计，可以更好地保护工业控制网络的安全。

在工业控制系统中，纵深防御最初应用于核工业领域。纵深防御由一系列连续的防御措施组成。首要措施是阻止安全事件的发生，当首要措施失效后采取的措施是控制安全事件的发展，而在前面的措施都失效后，采取的措施是将影响降到最低。通过这些措施的应用，可以在工业控制系统中实现更好的安全保护。

为了实现工业控制网络的纵深防御策略，需要进行整体设计。首先是安全域的设计，例如远程访问区域、本地操作区域、自动化设备区域等。其次是域内的安全机制的设计，例如认证、入侵检测、响应机制保护等。再次是安全机制的设计，包括日志和事件管理等，例如使用安全信息与事件管理技术来对日志和事件进行集中管理。最后是冗余设计，冗余技术在纵深防御策略中也起着重要作用，能够让工业控制网络在遇到信息安全事件时及时得到恢复，例如防火墙的双机热备。整体设计之后，工业控制网络中部署防火墙、入侵检测等多种安全措施，形成整体防护能力。

根据工业控制系统的标准，该系统被分为四个域，以便将其网络划分为不同的安全域：外部网络被划分为一个安全域，称为外部域；企业层被划分为一个安全域，称为企业域；管理层、监控层、现场层和设备层被划分为一个安全域，称为数据域；在数据域中，现场层和设备层被单独划分为一个子域，称为控制域。基于这些安全域的划分，工业控制网络被设计为具有纵深防御体系结构，如图 4-5所示。在安全域及子域的边界处设置防火墙和入侵检测设备。在企业域，企业级防火墙带有 DMZ，用于保护整个企业免受外部网络的安全威胁。在数据域，工业控制级防火墙带有 DMZ，用于保护整个控制系统。在控制域，现场设备级防火墙用于保护重要设备，例如 PLC 或 RTU 等。

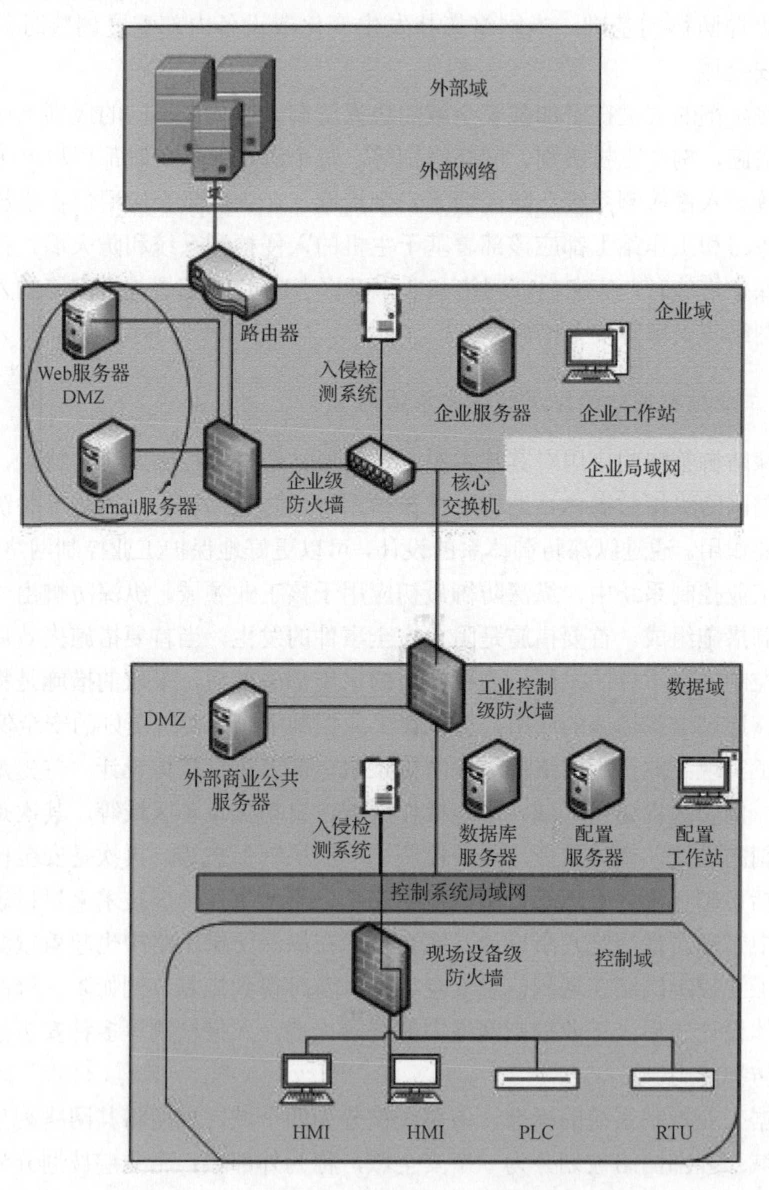

图 4-5　工业控制网络的纵深防御体系结构

4.2.2　事件关联技术

1. 事件关联定义

事件关联和态势分析技术是采用数据挖掘、数据融合等方法对不同来源的事件数据进行关联分析，利用模式识别的方法识别当前的安全态势，为应急响应措施的部署提供决策依据[10, 11]。

“事件”指的是被管理设备或对象在运行状态发生改变或故障时发出的反应，它能够反映设备的当前运行状况，因此是故障发生的外在症状。而“告警”是对发生故障的设备或对象的外在症状进行文字描述。在许多管理系统中，被管理对象的状态异常变化（如接点断开、数据流量过大等）通常会通过告警的方式通知管理系统。在基于简单网络管理协议的集中式网络管理中，告警的收集主要有两种方式：一种是通过主动轮询被管理设备的管理信息库，在被管理设备的某些参数超过阈值时产生告警；另一种是当被管理设备出现故障时，主动向网络管理系统发送处于异常运行状态的告警。告警信息提供了 Who（谁）、What（什么）、When（何时）等信息，但没有明确记录故障发生的设备或对象在网络中的具体位置及故障原因。

根据不同的标准，事件可以被划分为不同的类型。按照事件是否组合，事件被分为简单事件和组合事件。简单事件是指单一信息产生的事件，而组合事件是指多个单一事件按照某种规则组合起来的事件。按照事件的性质，事件被分为连通性事件和性能性事件。连通性事件是指管理系统或设备之间无法建立通信时产生的事件。例如，当设备无法响应时，使用 Ping 命令判断设备之间连接是否断开。性能性事件是指某个被管理设备或对象的某项性能指标超过预先设定的阈值，导致被管理设备的性能下降而产生的事件。

关联是指两个或多个实体之间的潜在关系，将它们看作一个整体或组合。例如，在网络管理中，当一个故障导致多个告警事件时，一个关键的路由器损坏会导致与之直接或间接相关的设备都产生告警。通过关联多个实体，不仅可以减少实体的数量，而且可以使实体之间包含的信息更加丰富。

事件关联是指综合被管理设备或对象在语义上的相关性，将多个事件关联为单一事件，从而减少传送给网络管理员的信息量。经过事件关联操作后的事件信息更加丰富，网络管理系统可以根据这些信息进行分析，找出导致网络失效的潜在原因。事件关联相当于对多个事件进行操作，既减少了事件数量，又增强了事件内的语义信息，利用事件间的关系将多个或复杂事件化为简单事件。在研究事件关联的文献中，有的称之为“事件关联”，有的称之为“告警关联”，但它们的性质相同，统称为“事件关联”[12]。

2. 事件关联的功能与目的

在网络管理中，当一个被管理设备出现故障时，与之有联系的其他设备也会受到影响，产生告警信息。这种故障传播可能导致整个网络瘫痪。事件关联常用于故障管理中，用于对发生故障的被管理对象进行实时诊断。当网络管理系统接收到大量告警信息时，逐一分析这些信息以解决故障是既费时又费力的。因为在发出告警信息的被管理对象中，可能有很多是由于其他影响而错误发出的，不需要对这些被管理对象进行分析。例如，在一个与外网相连的交换机中，由于外网中与该交换机相连的路由器故障，导致外网中的某些设备无法访问内网中的资源。因此，判断本地交换机或本地某台服务器是否有故障并不合适，因为它们可能不是故障源。同时，在那些处于运行状态但未发出故障信息的设备中，也不一定没有故障存在。例如，某台服务器受到黑客攻击，一直处于繁忙状态，但未发出告警信息，导致请求服务的设备无法得到响应。

3. 事件关联技术的分类

事件关联技术在发展过程中取得了很大的进步。根据不同研究领域，如信息论、人工智能、神经网络等，事件关联技术主要包括以下几类。

1）基于人工智能的事件关联技术

人工智能的目标之一是利用机器模拟人类思维来完成特定动作，涉及多个学科领域。其中人工智能事件关联技术包括基于规则的推理技术、基于模型的推理技术、基于事例的推理技术、神经网络及基于有限状态机的推理技术等。这些技术可以帮助机器自主地学习和适应环境，从而更好地完成任务。

2）基于模型遍历的事件关联技术

基于模型遍历的事件关联技术只能够反映网络实体间的物理关系，而无法反映实体间的逻辑关系。该技术采用形式化语言描述实体间的关系，并且能够记录故障传播路径，因此可被用于故障定位。

3）基于故障传播模型的事件关联技术

故障传播模型是一种基于时间相关性的算法，用于故障定位。该模型使用特定的算法，根据时间相关性来计算故障的可能位置。然而，根据算法计算出来的结果仅仅是故障的假设值，因此只能根据返回的故障数量来评估算法的好坏。在事件关联技术中，故障传播模型被应用于基于代码本的推理技术、因果图、贝叶斯网络、依赖图等。

4. 常用的事件关联技术

1）基于规则的推理技术

基于规则的推理，是一种在进行推理前将知识录入知识库中以便进行规则匹配的系统。该系统由三个部分组成，即知识库、推理引擎和工作存储器，分别代表知识层、控制层和数据层。知识库中存储着从专家处获取的知识，这些知识以规则的形式存储，通常采用“if…then…”的形式。如果所获取的事件满足规则的if条件部分，那么就会执行规则then后面的操作。推理引擎中存储着解决问题的策略，而工作存储器中存放需要解决的问题。

2）基于事例的推理技术

基于事例的推理技术是人工智能发展较为成熟的一个分支，它通过检索过去成功解决问题的案例，并对其进行适当的调整和适配，来解决新遇到的问题。该技术包含五个模块：输入模块、检索模块、修改模块、处理模块和事例库模块。输入模块接收问题事件的描述信息，检索模块在事例库中查找匹配的事例。基于事例的推理分为四个阶段：事例的表示、事例的获取、事例的检索和事例的学习。采用恰当的规则来对事例进行表示，有助于后续事例检索的有效性。事例的获取方式有两种，一种是通过领域专家或用户输入，另一种是通过积累事例。这些事例以统一的格式写入事例库中。在开始阶段，事例库中的事例不多，但随着系统的运行，事例库中的事例会不断积累，从而提高推理的准确性。

在基于事例的推理技术中，事例的检索阶段会在事例库中搜索与当前问题相似的事例。如果找到了相似的事例，直接使用相似事例的成功解决方案来解决当前问题。如果没有找到相似的事例，则进入事例推理的学习阶段。

如果在检索阶段没有找到完全匹配的事例来解决问题，就会进入事例的学习阶段。在这个阶段，会通过修改相似的事例的解决方案来解决新的问题。最后，将新问题的解决方案作为成功的事例再次写入事例库中，以便下次检索。

3）基于模型的推理技术

基于模型的推理技术将网络中的每个被管理对象用模型来表示，并通过模型之间的信息交互来实现事件关联过程。该技术充分利用现实系统的知识，为现实系统建立抽象的系统模型，并通过被管理网元的副本模型进行预测。将预测结果与观测到的现实系统行为进行比较，对不一致之处进行分析。在基于模型的推理中，每个被管理对象都有一个副本模型与之相联系，这个模型类似于一个软件模块。在网络管理系统中，事件关联器是面向对象的，每个模型副本都有自己的属性和与其他模型副本的行为关系。基于模型的推理技术通过构建网络中各个管理对象的模型来表征其特性，并借助模型间的信息交流来完成事件关联的分析过程。

该技术全面利用实际系统的知识基础，为现实系统构建了抽象的模型，进而利用这些模型的副本对网络元素的未来状态进行预测分析。在基于模型的推理机制中，管理对象与管理系统之间的交互是通过模型副本与事件关联模块之间的通信达成的。同时，管理对象之间的通信则是通过它们各自的模型副本之间的交互实现的，这些模型副本之间的相互关系映射了被管理网元之间的实际关联。

4）基于代码本的推理技术

基于代码本的推理技术是将故障引发的告警编制在一起，组成一个最优告警向量组，用向量组来标识特定的故障。事件关联的过程是将观测到的症状与向量组的症状进行比较，找到与之匹配的告警向量组，从而找到引起告警的故障。基于代码本的推理技术分为四个阶段：

（1）为系统中的被管理网元建立事件模型和传播模型；

（2）建立网络中的潜在故障与表征这些故障的告警事件的关联矩阵；

（3）运用算法去除告警向量组中的冗余信息，组成最优的向量组，以区分一个故障；

（4）将观察到的症状与关联矩阵中的告警向量组进行比对，找到与之匹配的故障。

5）基于有限状态机的推理技术

基于有限状态机的推理技术，是一种利用有限状态机方法提取被管理网元可能出现的所有状态并建立状态机集的技术。该技术通过被管理网元运行状态的变化来驱动网络事件的变化，并且对应着不同状态集之间的转换。

4.2.3 防火墙技术

防火墙是一个由计算机硬件和软件构成的系统，部署于网络边界，作为内部网络和外部网络之间的连接桥梁，其主要作用是保护进出网络边界的数据，防止恶意入侵、恶意代码的传播等，从而确保内部网络数据的安全。防火墙技术是一种应用性安全技术，建立在网络技术和信息安全技术基础上，几乎所有的企业内部网络与外部网络（如因特网等）相连接的边界设备都会放置防火墙。防火墙能够通过安全过滤和安全隔离外网攻击、入侵等有害的网络安全信息和行为，从而保障网络的安全。

1. 防火墙技术概述

为确保工业控制系统的信息安全，目前工业控制网络普遍采用基于硬件的防火墙技术。相较于传统信息系统防火墙，工业控制系统防火墙技术具有以下特点：具备状态检测的能力，支持工业控制协议，能够满足工业控制系统的实时性要求。

状态检测技术是包过滤和代理服务技术相结合的产物，在基本包过滤的基础上增加了状态分析功能。它记录和跟踪所有进出数据报的信息，对连接的状态进行动态维护和分析。一旦发现异常的流量或异常连接，就会动态生成过滤规则。防火墙还支持工业控制专用协议，如 CIP、PROFINET、Modbus/TCP 等。

通常，工业控制系统采用随机端口监听或者远程过程调用等工作方式，并通过规则更新的方式进行适配。同时，采用深度包解析技术来实现对封装在 TCP/IP 协议负载内的工业控制协议的检测，发现、识别、分类、重新路由或阻止具有特殊数据或代码有效载荷的数据包。现场设备级防火墙的独立设计可以阻止对工业控制系统的非授权访问，并对工业控制系统进行多级别的访问控制过滤。

2. PLC 工业防火墙系统结构

PLC 工业防火墙设计方案旨在实现工业控制系统监视控制层与本地控制层之间通信数据的监视与保护。该防火墙主要针对 SCADA 系统与 PLC 之间的通信数据进行保护。针对 PLC 在工业控制设备市场的需求调研和实际情况，本书针对兼容性最广的 Modbus 协议，设计了一款安全、高效、稳定的 PLC 工业防火墙，以保障联网 PLC 的通信安全，并有利于市场推广。PLC 工业防火墙是一种用于保护工业控制系统设备层的防火墙，所有与 PLC 的通信数据必须通过该防火墙才能下发到 PLC。

从功能上看，PLC 工业防火墙是在通用防火墙模块功能基础上增加了工业协议深度过滤模块的应用层访问控制，如图 4-6 所示。通用防火墙模块主要针对 IT 网络攻击进行防护，利用特征库识别病毒、恶意代码等。而工业协议过滤模块支持工业协议的识别和过滤，阻止非法指令通过控制设备，从而保障工业控制系统的安全。

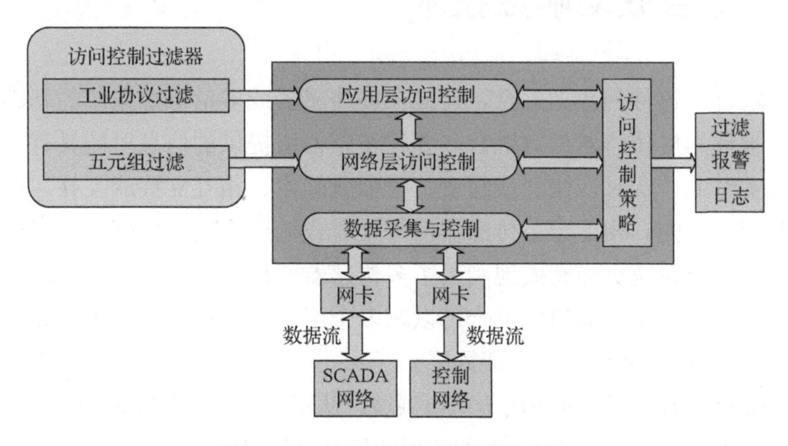

图 4-6 PLC 工业防火墙系统结构

相比传统 IT 网络防火墙采用的黑名单策略，工业控制网络需要从严管理，放行标准相对较窄，因此，工业防火墙采用白名单访问策略，可阻挡所有不在名单内的访问者，更加有效保护工业控制网络[13]。

PLC 工业防火墙内集成了常用的工业协议，并采用白名单策略，只有被深度解析且符合过滤规则的数据才能通过，从而保证 SCADA 系统与 PLC 之间通信数据的合法性和安全性。访问控制策略的核心部分是过滤规则的生成。

工业防火墙的主要技术分析如下。

（1）在工业控制设备产品中，由于其工作环境通常比较恶劣且控制对象种类多样，因此在硬件设计上，首要考虑的是系统的稳定性。需要采用工业级别的芯片，并在电源和对外接口方面做好必要的保护。根据系统的拓扑结构，在用户原有 PLC 中加入防火墙时，必须确保原系统的稳定性，并且加入防火墙所带来的通信延迟不能对原系统的实时性产生影响。

（2）在工业控制设备现场中，常用的通信接口有以太网、RS485 和控制器局域网（CAN）。为了适配更多的现场情况，PLC 工业防火墙集成了网络防火墙、RS485 防火墙和 CAN 防火墙。为了兼容这三种通信拓扑，PLC 工业防火墙采用了主板加功能板的架构，其中功能板用于不同通信接口的配置。这种设计可以更好地适应不同的通信需求。

（3）工业防火墙系统软件架构的搭建涉及工业控制网络通信协议的解析与集成。系统支持 50 多种工业控制网络通信协议，并具备数据合法性检测、拦截和过滤功能，同时支持协议和过滤规则的自由配置。此外，系统还支持自动上报错误或信息报警的功能。

4.3 融合联动响应技术

信息融合，也称为数据融合，建立在多传感器或多信息源系统的基础上，因此，它也被称为多传感器信息融合。各种传感器所提供的信息可能具有不同的特征，包括实时或非实时、快变或缓变、模糊或确定、相互支持或互补，也可能是相互矛盾和竞争的。相比于单传感器信号处理或低层次的多传感器数据处理，多传感器信息融合系统更加有效地利用了多传感器信息资源，是对人脑信息处理的更高水平模仿。多传感器信息融合可以在多个层次上处理信息，包括数据层（即像素层）、特征层和决策层（即证据层）。

信息融合技术早期主要应用于军事领域。从军事应用的角度来看，信息融合被定义为将来自多个传感器和信息源的数据和信息进行多层次、多方面的检测、结合、相关、估计和组合，以达到精确的状态估计和身份估计，以及完整、及时的态势评估和威胁估计的目的。随着研究和应用的不断深入，信息融合的概念也得到了扩展。

广义的信息融合可以被定义为充分利用不同时间和空间的多传感器信息资源，利用计算机技术对按时序获得的多传感器观测信息进行分析、综合、支配和使用，以获得对被测对象的一致性解释和结论，以完成所需的决策和估计任务，从而使系统获得比其各个组成部分更优越的性能。

4.3.1　融合联动响应模型

根据拓扑结构的不同，多传感器信息融合可以分为串行融合结构、并行融合结构和混合融合结构。图 4-7 展示了这三种结构。

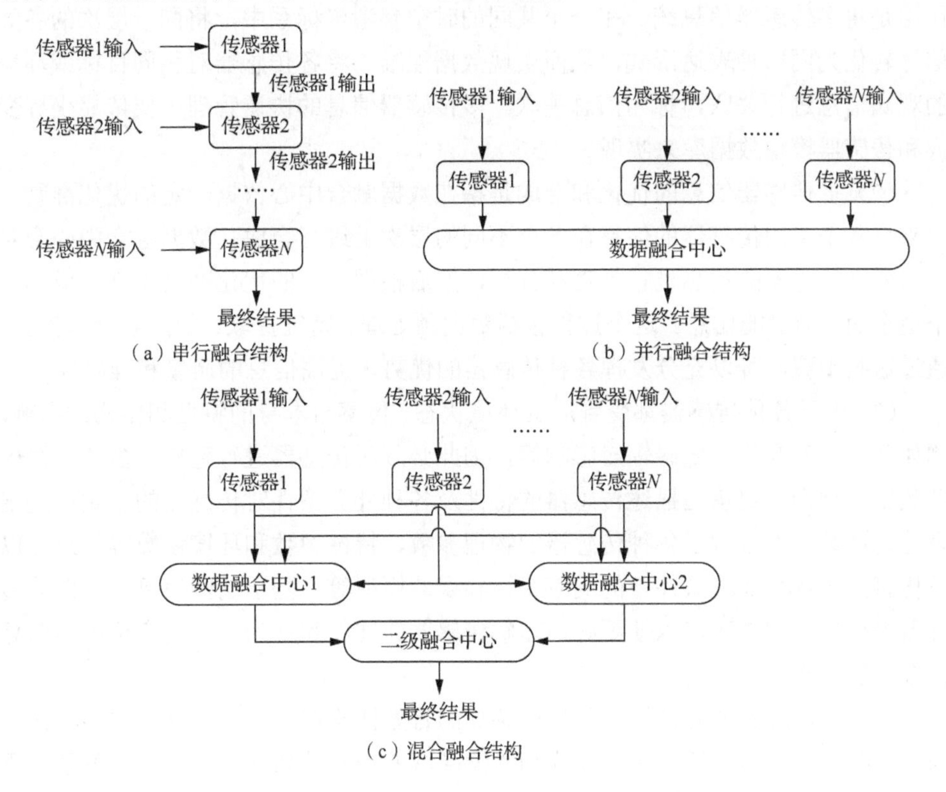

图 4-7　多传感器信息融合的拓扑结构

图 4-7（a）展示的是串行融合结构。在这种结构中，每个传感器既有接收信息和处理信息的功能，又有信息融合的功能。每个传感器的输入都与前一级传感器的输出信息相关联，并向下一级传输输出。串行融合系统的结论为最后一个传感器的输出信息。

图 4-7（b）展示的是并行融合结构。在并行融合结构中，各个传感器直接将输出信息传输到数据融合中心，传感器输入和输出之间没有影响，数据融合中心对这些信息按适当方法进行综合处理，最终输出结果。

图 4-7（c）展示的是混合融合结构。混合融合结构结合了串行融合和并行融合两种结构，可以是总体串行、局部并行，也可以是总体并行、局部串行。

多传感器信息融合系统的优点在于最大限度地利用众多的信息资源，从而得出比简单、独立地运用这些资源得到的结论更可靠、广泛、精确和深入的结论。该系统具有以下主要功能。

（1）多传感器信息的协调管理功能是指通过控制和选择多个传感器来获取外部环境和观测对象的信息，以提高融合系统的性能。传感器协调管理模块的主要作用是将多传感器信息统一在一个共同的时空参考坐标系中，将同一层次的各类信号转化为同一种表达形式，从而实现数据配准。将各传感器对相同目标或环境的观测信息进行关联，称为信息关联。多传感器信息的协调管理主要依靠坐标变换和传感器模型数据库来实现。

（2）多传感器信息的优化和合成是指在数据融合中心依据一定的优化准则，将来自各个不同传感器的信息在各个不同的层次上进行合成。数据融合中心会对来自各个传感器的信息进行处理和分析，然后根据一定的优化准则将其合成为一个更全面、准确的信息。这个过程包括数据预处理、特征提取、信息融合等步骤。通过这些步骤，可以充分发挥各种传感器的优势，提高信息的质量和准确性。

（3）由于各种传感器都受到周围环境状态、传感器本身的特性和结构的影响，例如环境温度变化、电磁辐射影响等，因此必须对传感器进行建模。多传感器模型数据库是为了定量地描述传感器的特性及各种外界条件对传感器的影响而提出来的。该数据库包含了各种传感器的物理参数、特性参数和环境参数等信息，以及传感器在各种环境条件下的响应特性和误差模型等。基于这些信息，可以对传感器进行模拟和仿真，以便更好地理解传感器的性能和行为，并为多传感器信息融合提供支持。

（4）多传感器的协调管理包括传感器的有效性确定、事件预测、传感器任务的分配和排序、传感器的工作模式和探测区域的控制等功能。为了适应不同的研究和应用需求，可以采用多传感器信息融合模型。图 4-8 中的功能模型从较为开放、广泛的应用角度上描述了多传感器信息融合综合信息处理的过程，给出了一个综合应用模型。该模型包括传感器任务分配、传感器数据采集、传感器数据融合和信息处理等步骤，其中传感器的工作模式和探测区域的控制是实现传感器任务分配和数据采集的关键。通过这个模型，可以有效地协调多个传感器的工作，提高信息融合的效率和准确性。

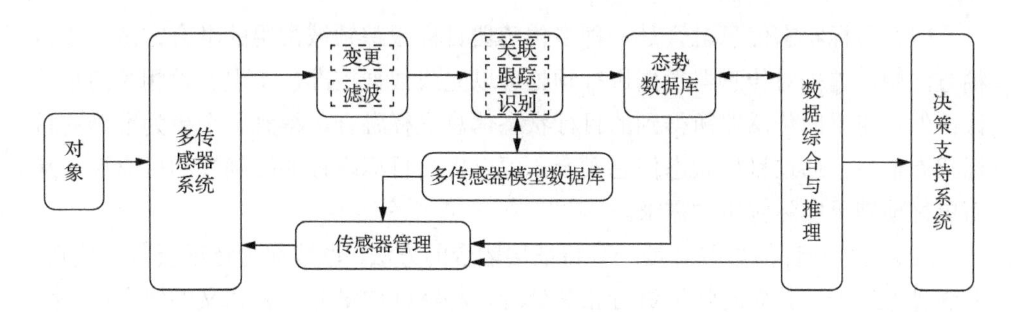

图 4-8　多传感器信息融合的功能模型

1. 信息融合的层次

信息融合具有层次性，即在综合处理多源信息时，可以将信息融合分为三个层次：数据层融合、特征层融合和决策层融合[14]。这个角度可以得到信息融合的层次化结构，如图 4-9 所示。

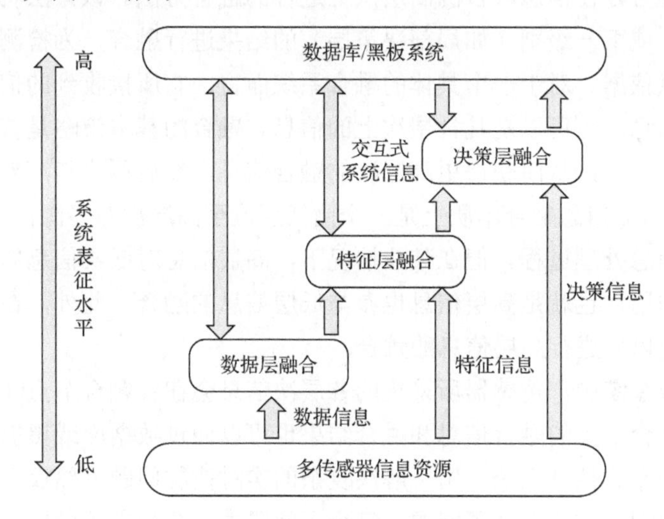

图 4-9　信息融合层次模型

1）数据层融合

数据层融合，也被称为像素层融合，是一种直接对每个传感器输出数据进行特征提取的融合方法。该方法将每个传感器的特征参数进行融合，得到关于对象的综合特征量。数据层融合是融合层次中的基础。

2）特征层融合

特征层融合首先对每个传感器的输出数据进行特征提取，得到一个特征向量，随后将所有这些特征向量进行融合，得到一个比特征向量层次更高的目标状态或目标特性。特征层融合又可分为目标状态信息融合和目标特性信息融合两种类型。

（1）目标状态信息融合是一种多传感器目标跟踪领域常用的融合方法。在这种方法中，首先对传感器数据进行预处理以完成数据校准，实现参数相关向量估计；然后将不同传感器所得到的目标状态信息进行融合，得到一个更为准确的目标状态信息。通过目标状态信息融合，可以提高目标跟踪的准确性和可靠性，从而更好地满足实际应用的需求。

（2）目标特性信息融合是一种特征层融合的方法，也被称为特征层联合识别。在这种方法中，首先对特征进行相关处理，将特征向量分成有意义的组合；然后使用模式识别技术实现融合，得到最终的结果。通过目标特性信息融合，可以将不同传感器所得到的目标特性信息进行综合，得到一个更为全面和准确的目标特性信息。这种方法在实际应用中具有广泛的应用价值，可以用于目标识别、目标跟踪等方面。

3）决策层融合

决策层融合是在信息融合的高层次上进行的融合方法。该方法将低层次（如特征层融合）或下一级别（如局部决策层）的结果进行融合，为检测、控制、指挥和决策提供依据。对于一个具体的融合系统而言，它所接收到的信息可以是单一层次上的信息，也可以是几种层次上的信息。融合的基本策略是首先对同一层次的信息进行融合，从而获得更高层次的融合信息，然后再将其汇入相应的信息融合层次。因此，信息融合本质上是一个由低层次至高层次对多源信息进行整合、逐层抽象的信息处理过程。但在某些情况下，高层信息对低层信息的融合也要起到反馈控制作用，也就是高层信息也参与低层信息的融合。此外，在一些特殊应用场合，也可以先进行高层信息的融合。

信息融合系统中，传感器所采集的各层次信息会在各融合节点（中心）逐步合成。这些融合节点的融合信息和融合结果也可以通过数据库或黑板系统［一种基于知识的分布式控制系统，用于解决复杂的实时控制问题。黑板系统的基本思想是将控制问题分解成多个子问题，每个子问题由一个独立的模块（称为黑板）负责处理］以交互方式进入到其他融合节点，从而参与其他节点上的融合。

尽管融合处理信息的过程可以分为不同的层次，但这并不意味着必须这样做或者不同层次之间是独立、无关或者分离的。融合的层次划分只是为了满足研究和应用的需要，将复杂的问题变为多个相对简单的问题，并有利于应用其他学科的相关技术。实际上，如果能找到一种有效处理具有“特征分布性”信息的融合方式，而这种融合方式不存在明确的层次性，那么这将是信息融合研究领域的一大突破。因此，信息融合的研究不应该被局限于层次性融合，而应该积极探索更加灵活和高效的融合方法，以满足不同应用场景的需求。

2. 应急响应联动系统基本模型

应急响应联动系统是一种基于应急响应组和社会联动系统的基本模型，旨在协调地理分布的人力和信息等资源，协同应对网络安全事件。该系统是基于应急响应组及应急响应协调中心发展起来的一套应急响应联动体系，是应急响应组发展后期的组织形式。该系统形成了一个联动机制，实现了快速、高效和有序的应急响应。此外，该系统还具有灵活性和适应性，可以根据不同的应急情况和需求进行调整和优化。因此，在网络安全事件应急响应中，该系统具有重要的作用和意义。

这里的联动具有三个含义：一是组织间的协作，二是功能上的统一，三是网络安全策略上的联合。其目的是通过统一的组织结构和运作方式、统一的操作流程和软件平台、通用的信息共享和交换方式及完整的安全策略，力争在应对网络安全事件时为响应者提供有利于快速解决问题的方案。该系统涉及的基本模型主要包括体系结构模型、系统功能与运行机制模型和策略协同模型。这些模型的设计旨在实现联动机制，将不同单位、组织和个人的资源整合起来，形成一个协同应对网络安全事件的体系，并确保响应过程的高效性和规范性。该联动机制的建立将有助于提高网络安全事件应急响应的能力和水平，从而更好地保护网络安全。

4.3.2　多融合联动响应系统的体系结构和功能

1. 多融合联动响应系统的体系结构

应急响应协调中心和应急响应组所组成的多融合联动响应系统体系是一种面向客户提供服务的应急响应体系。该体系的整体结构可以参考图 4-10。

1）应急响应协调中心

该中心负责协调体系的正常运行，同时承担信息共享和交换任务。作为多融合联动响应系统中最重要的核心，它还是应急响应组机构设置的样板。

2）应急响应组

应急响应组的主要目标是直接应对网络安全事件。根据实际技术力量和资源状况，可以设置与应急响应协调中心相同的机构或适当合并，甚至可以承担部分应急响应协调中心的功能。应急响应组不仅为客户提供直接技术支持与响应的服务，而且与应急响应协调中心保持高度的信息共享，以确保其有效性。

3）客户

客户方应该在应急响应组的帮助下进行风险分析、建立安全政策和设立联系人员，以增强自身的主动防御能力和应对事件时采取合理措施的能力。这对于正确处理安全事件，尤其是在事件初期进行有效的抑制，具有重要的作用。

4）应急响应协调中心功能

应急响应协调中心的功能体现着整个多融合联动响应系统的功能，并决定着它的机构设置。应急响应组至少应该具备四个核心功能：分类、事件响应、公告和反馈。同时，在发展后期，应急响应组还具有分析、研发、信息整理、教育和推广等非核心的功能。这些非核心的功能通常是早期应急响应组无法完成的，但对应急响应非常有意义。

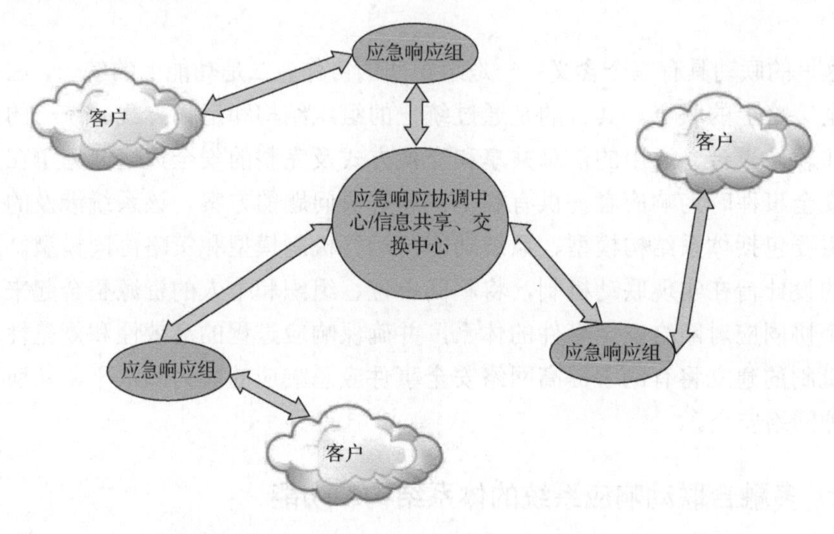

图 4-10　多融合联动响应系统体系示意图

2. 多融合联动响应系统的功能

多融合联动响应系统的功能包括两个方面：一方面是提供安全事件的应急响应服务，另一方面是信息共享、交换和分析。这两方面的功能互相融合、取长补短，使应急响应更加高效、便捷，也使信息共享内容更加丰富、实用。下面分别对这两种功能进行讨论。

1）应急响应服务

应急响应协调中心的运作包括事件报告、响应过程和结束响应的各个阶段。在事件响应过程中，用户向多融合联动响应系统报告事件后，多融合联动响应系统会启动联动响应，就近派出响应人员，并通知其他应急响应组参与远程协作。在响应过程中，响应人员应通过网络或传真等方式向组织报告事件详细信息，并取得帮助和建议，完成响应工作。响应人员得到的建议可能来自其他应急响应组人员，根据事件信息和以往经验提出的。在响应过程中，响应人员之间保持密切联系，共享资源。事件响应结束后，响应人员需要完成事件的跟踪报告和总结，并由中心备案。

典型联动响应的优势通常在跨区域事件中得以体现。对于完全位于体系覆盖范围内的事件，异地应急响应组可以协作处理，从事件根源彻底解决问题；而对于路径位于体系外的事件，则可以通过体系公共关系部门与其他应急响应组联系，获得协助。

2）信息共享、交换和分析

信息整理和公告功能是维护网络安全的一道主动防线。应急响应协调中心通过对一段时间内体系内所有组织提供的安全信息进行统计分析，找出可能发生的安全事件，并发布预警信息和预防建议，以有效遏制类似事件的大规模发生。事件处理跟踪报告和安全形势分析在这方面占有重要地位。此外，中心在安全信息整理和共享方面的贡献可以大幅度提高应急响应的质量，是联动的重要体现方式。这对响应人员和客户方的在线帮助也具有重要意义。

3. 应急响应安全策略联合

多融合联动响应系统在策略上融合了主动和被动防御的两个方面。多融合联动响应系统包含了至少 6 种安全策略，其中风险分析属于主动防御，其余属于被动防御。从风险分析开始的三个阶段属于事件发生前的策略，而后三个阶段则属于事件发生后的策略。这些策略的联合使得彼此之间的联系更加紧密，能够更充分地发挥各种策略的长处。这种策略上的联动无疑是未来网络安全发展的一个重要趋势。

4.4　本章小结

工业控制设备的安全防护技术解决方案主要包括系统内部信息安全防护、区域边界信息安全防护和融合联动响应技术等。这些技术相互配合能够较好地实现工业控制设备的安全防护目标。

参 考 文 献

[1] Stouffer K, Pillitteri V, Lightman S, et al. Guide to Industrial Control Systems (ICS) Security (Rev. 2):NIST SP800-82[S].Gaithersburg,USA:National Institute of Standards and Technology (NIST), 2015: 82.

[2] 马维华. 嵌入式系统原理及应用[M]. 3 版. 北京：北京邮电大学出版社, 2017.

[3] 戴维・克勒德马赫, 迈克・克勒德马赫. 嵌入式系统安全: 安全与可信软件开发实战方法[M]. 周庆国, 姚琪, 刘洋, 等译. 北京: 机械工业出版社, 2015.

[4] 陈亚威, 蒋迪. 虚拟化技术应用与实践[M]. 北京: 人民邮电出版社, 2019.

[5] John H, Aaron B, Fred S, 等. 虚拟安全: 沙盒、灾备、高可用性、取证分析和蜜罐[M]. 杨谦, 谢志强, 译. 北京: 科学出版社, 2010.

[6] 黄锡伟. 虚拟局域网[M]. 北京: 清华大学出版社, 2003.

[7] 高海英. VPN 技术[M]. 北京: 机械工业出版社, 2004.

[8] 工业和信息化部人才交流中心, 恩智浦（中国）管理有限公司. 嵌入式微控制器固件开发与应用[M]. 北京: 电子工业出版社, 2018.

[9] 国家工业信息安全发展研究中心. 工业控制系统信息安全防护指引[M]. 北京: 电子工业出版社, 2018.

[10] Chris S, Jason S. Applied Network Security Monitoring: Collection, Detection, and Analysis[M]. Amsterdam: Syngress Publishing, 2014.

[11] 张波云. 网络安全态势评估技术[M]. 武汉: 武汉大学出版社, 2020.

[12] 杜嘉薇, 周颖, 郭荣华, 等. 网络安全态势感知: 提取、理解和预测[M]. 北京: 机械工业出版社, 2018.

[13] Wan M, Shang W L, Zeng P. Double behavior characteristics for one-class classification anomaly detection in networked control systems[J]. IEEE Transactions on Information Forensics & Security, 2017, 12(12): 3011-3023.

[14] 韩崇昭, 朱洪艳, 段战胜. 多源信息融合[M]. 3 版. 北京: 清华大学出版社, 2022.

第5章

工业控制设备入侵检测技术

■ 5.1 工业控制设备入侵检测技术分类

本章提出了多种工业控制设备入侵检测技术，针对不同的工业控制网络通信协议、数据差异、异常行为等进行了分类研究。工业控制设备入侵检测技术分类如图5-1所示。

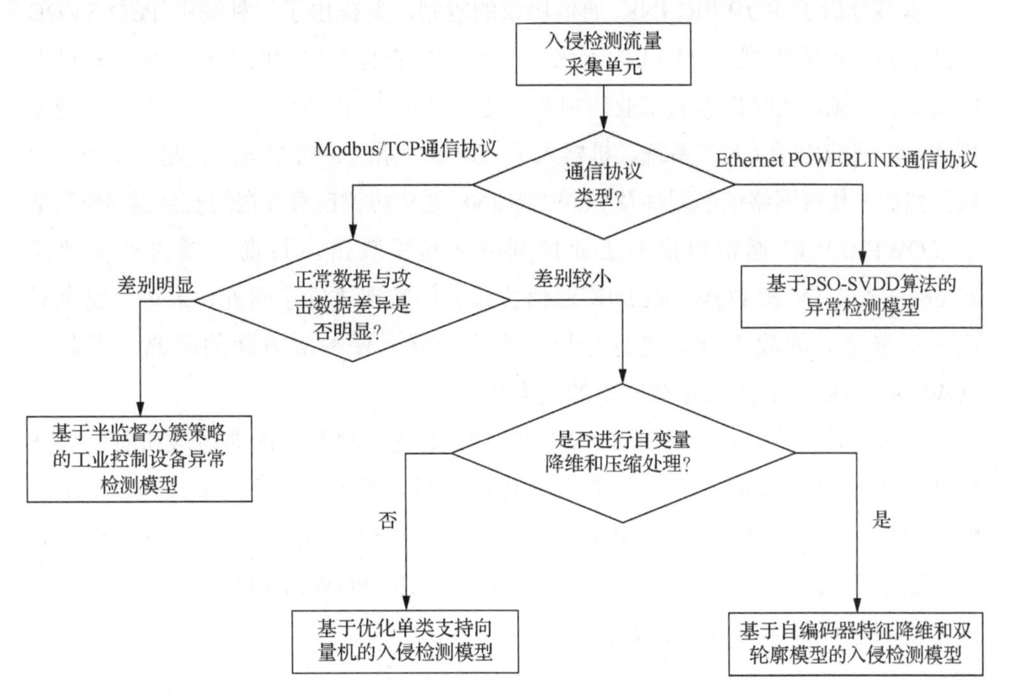

图5-1　工业控制设备入侵检测技术分类

首先，根据工业控制网络通信协议类型进行分类，分为针对 Ethernet POWERLINK（简称 POWERLINK）通信协议和针对 Modbus/TCP 通信协议的方法。对于 POWERLINK 协议，作者提出了一种基于 PSO-SVDD 算法的异常检测模型。而对于 Modbus/TCP 通信协议，根据正常数据与攻击数据差异的明显程度，分为针对差别明显和针对差别较小的方法。对于差别明显的情况，提出了一种基于半监督分簇策略的工业控制设备异常检测技术。而对于差别较小的情况，根据是否对网络流量数据进行自变量降维和压缩处理进行分类。对于没有进行自变量降维和压缩处理的情况，提出了一种基于优化单类支持向量机的入侵检测算法。而对于进行自变量降维和压缩处理的情况，提出了一种基于自编码器特征降维和双轮廓模型的入侵检测模型。

■ 5.2 基于 PSO-SVDD 算法的异常检测模型

本节分析了 POWERLINK 通信协议的规则，并提出了一种基于 PSO-SVDD 算法的异常检测模型。POWERLINK 是一种建立在标准以太网 IEEE 802.3 基础上的高速、开源、实时性高的工业控制网络通信协议[1]。该协议采用典型的主/从通信模式，广泛应用于 CNC 系统、机器人、高速多轴系统、航空与高铁测试系统等领域。然而，传统网络的脆弱性及 POWERLINK 通信协议自身存在的安全漏洞使得基于 POWERLINK 通信协议的工业控制网络易受攻击。目前，国内外学者仅对 openSAFETY 在 POWERLINK 通信协议上的实现进行了研究，未对其安全漏洞和可能遭到的攻击行为进行分析，也未开展入侵检测方面的研究。因此，POWERLINK 通信协议存在严重的安全问题。

针对上述问题，通过分析 POWERLINK 工业控制网络的典型攻击行为，分析通信网络流量数据特征，提取数据特征向量，建立了基于 PSO-SVDD 算法的异常检测模型，以实现对 POWERLINK 工业控制网络的实时监控，有效提高了通信网络的安全性。基于 PSO-SVDD 算法的 POWERLINK 工业控制网络异常检测整体框架如图 5-2 所示。

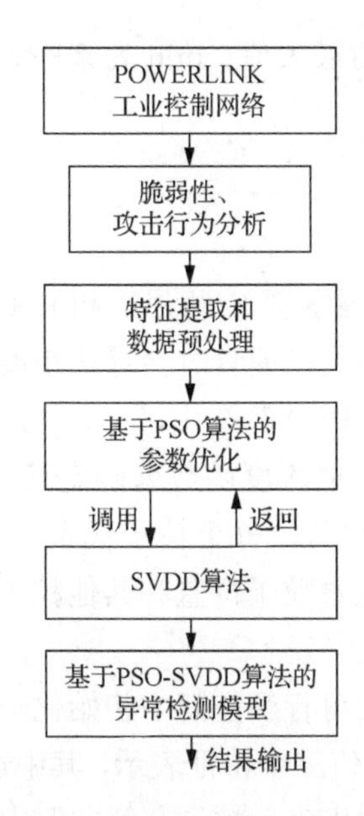

图 5-2　基于 PSO-SVDD 算法的 POWERLINK 工业控制网络异常检测整体框架

5.2.1　脆弱性分析、攻击行为分析及特征提取

脆弱性分析表明，POWERLINK 工业控制网络存在一些安全漏洞，包括协议结构和本身存在的缺乏认证、授权和加密等安全机制[2]。这些漏洞使得 POWERLINK 工业控制网络易受到异常行为攻击，存在安全风险和威胁。

攻击行为分析表明，攻击者主要通过系统的安全漏洞，针对 POWERLINK 工业控制网络通信协议的可用性、完整性和保密性进行恶意攻击，以阻碍正常的网络通信过程。这些攻击行为会对 POWERLINK 工业控制网络造成严重的影响。

特征提取的步骤包括使用 Linux 操作系统，通过 Libpcap 库函数进行 C 语言编程获取 POWERLINK 工业控制网络通信数据包，并根据协议提取需要的 POWERLINK 通信协议属性数据值。

归一化数据的步骤如下：首先，根据属性的不同将数据分成不同的短序列，并去除各序列中的重复冗余数据，形成短序列集合；然后，按照设定的顺序对每个序列中的数据进行排列，构造数据特征向量；最后，采用最小最大规范化方法将数据映射到[0,1]区间上，以将不同单位和量纲的数据归一为统一形式。此规范化方法的公式如式（5-1）所示。

$$y = \frac{x - \min}{\max - \min} \tag{5-1}$$

式中，max 为某序列中数据的最大值；min 为某序列中数据的最小值；x 为输入向量；y 为输出向量。

5.2.2 PSO 算法流程

PSO 算法是 1995 年由美国学者 J. 肯尼迪和 R. C. 艾伯哈特提出的[3]。该算法受到鸟类觅食行为的启发，鸟类在捕食时会寻找距离自己最近的食物，这一原理被应用于解决最优化问题。在 PSO 算法中，一个问题可能有多个解，每个解对应一个粒子，每个粒子都有一个适应度函数来确定其适应度值。类比于鸟类觅食，问题就像食物，解就像周围的鸟，每个粒子代表一个解。粒子的速度代表着粒子移动的方向和距离，速度随着粒子位置和其他粒子的运动经验而动态调整，最终找到问题的最优解。

PSO 算法的基本原理是在可行解空间中初始化一群粒子，每个粒子的特征由当前位置、移动速度和适应度值三个特征表示，其中适应度值由适应度函数决定，适应度值的大小决定了粒子的优劣。粒子在解空间中移动时，通过匹配粒子在所经过位置中的最优适应度和种群中所有粒子在所经过位置中的最优适应度来更新位置，每更新一次位置，就重新计算一次适应度值。

鸟类寻找最优食物路线的行为与 PSO 算法寻找最优解的过程类似。在工业控制设备异常检测模型中，对支持向量机参数进行优化就是求解最优解问题。许多文献已经对这个问题进行了研究，将检测率作为支持向量机参数优化问题的适应度函数，通过 PSO 算法搜索到最优的惩罚因子 φ 和核函数参数 g，建立高效的模型。利用 PSO 算法对支持向量机参数进行优化，可以建立 PSO-SVM 算法，实验结果表明，该算法在攻击检测和攻击类别中均得到了较高的检测率，有利于提高工业控制设备的安全性能。鉴于工业控制设备异常数据较少这一特点，本节设计了一种基于 PSO 算法优化参数的单类支持向量机模型，该模型具有简单和泛化能力强的优势，适用于异常检测。因此，将 PSO 算法应用于模型参数优化是可行的，其优化过程包括以下步骤：

（1）设定 PSO 算法的最大迭代次数 $K_{\max}$、粒子位置、速度的限制范围。

（2）随机初始化一组粒子，粒子 i 的当前位置为 $X_i=(x_{i1},x_{i2},\cdots,x_{id})$，速度 $V_i=(v_{i1},v_{i2},\cdots,v_{id})$，$d$ 表示空间维度。每个粒子的速度和位置包括惩罚因子 φ 和高斯核函数参数 g 两个分量，并设置限定范围。$P_{i,\text{pbest}}^k=(P_{i1,\text{pbest}}^k,P_{i2,\text{pbest}}^k,\cdots,P_{id,\text{pbest}}^k)$ 为粒子 i 在第 k 次迭代中的个体极值，P_{gbest}^k 为群体极值。

（3）利用 SVDD 算法训练将粒子作为支持向量域描述，选取交叉验证下的准确率作为粒子的适应度值。

（4）设适应度计算函数为 $F(\cdot)$，个体极值和群体极值更新公式[4]如下：

$$P_{i,\text{pbest}}^{k+1}=\begin{cases}P_{i,\text{pbest}}^{k}, & F(X_i^{k+1})\geqslant F(P_{i,\text{pbest}}^{k})\\ X_i^{k+1}, & F(X_i^{k+1})<F(P_{i,\text{pbest}}^{k})\end{cases} \tag{5-2}$$

$$P_{\text{gbest}}^{k}=\min\left\{F(P_{1,\text{pbest}}^{k}),F(P_{1,\text{pbest}}^{k}),\cdots,F(P_{N,\text{pbest}}^{k})\right\} \tag{5-3}$$

式中，k 表示迭代次数；$P_{i,\text{pbest}}^{k}$ 为第 i 个粒子在第 k 次迭代中的个体极值；P_{gbest}^{k} 为群体在第 k 次迭代中的极值；N 代表群体中的粒子数。

（5）判断是否满足结束条件，若迭代次数超过 $K_{\max}$ 或连续 T 次适应度值低于某个阈值，则退出迭代过程，此时所得到的群体极值即为最优参数。

（6）对粒子的速度、位置及惯性权重进行更新，每轮更新结束后判断是否超出预设范围，如超出则将其设定在允许的范围内。

上述粒子的速度、位置更新公式[5]为

$$v_{id}^{k+1}=\omega v_{id}^{k}+c_1r_1\left(P_{id,\text{pbest}}^{k}-x_{id}^{k}\right)+c_2r_2\left(P_{d,\text{gbest}}^{k}-x_{id}^{k}\right) \tag{5-4}$$

$$x_{id}^{k+1}=x_{id}^{k}+v_{id}^{k+1} \tag{5-5}$$

式中，v_{id}^{k+1} 为第 i 个粒子在第 k+1 次迭代中第 d 维度的速度，i 表示第 i 个粒子，d 表示粒子的维度，k 表示迭代次数；ω 为惯性权重；c_1、c_2 为学习因子；r_1、r_2 为随机数；$P_{id,\text{pbest}}^{k}$ 为第 i 个粒子在第 k 次迭代中第 d 维度的历史最优值；x_{id}^{k} 为第 i 个粒子在第 k 次迭代中第 d 维度的当前位置；$P_{d,\text{gbest}}^{k}$ 为群体在第 k 次迭代中第 d 维度的历史最优值。

线性递减策略的惯性权重更新计算公式[6]为

$$\omega(t)=\omega_{\text{start}}-\frac{\omega_{\text{start}}-\omega_{\text{end}}}{t_{\max}^2}\times t^2 \tag{5-6}$$

式中，t 为迭代次数；ω_{start} 为初始惯性权重；ω_{end} 为迭代到最大迭代次数时的惯性权重；$t_{\max}$ 为最大迭代次数。

5.2.3　SVDD 算法流程

SVDD 算法是 Hou 等[7]在 SVM 算法的研究基础上提出的一种通过构造超球体将数据分类的方法，其步骤如下。

（1）数据提取：对 POWERLINK 通信协议进行充分分析，并从 POWERLINK 工业控制网络中提取表征通信行为的训练集和测试集数据。

（2）获取最优参数：接受参数优化阶段训练出的惩罚因子φ和高斯核函数参数g的最优值。

（3）构造并求解对偶问题：通过对偶问题求解得到球心和半径。

（4）构造判别函数：利用球心和半径构造判别函数。

（5）对测试集进行分类预测：根据构造的判别函数对描述通信模式的测试集进行分类预测。

上述对偶问题为

$$\min L=\sum_{i,j=1}^{n}\alpha_i\alpha_j K\left(x_i,x_j\right)-\sum_{i=1}^{n}\alpha_i K\left(x_i,x_i\right) \tag{5-7}$$

$$\text{s.t.}\quad \sum_{i=1}^{n}\alpha_i=1 \tag{5-8}$$

式中，$\min L$表示对偶运算；α_i和α_j分别表示第i个和第j个球体的球心；$K\left(x_i,x_j\right)$表示高斯核函数；x表示样本；n表示数据向量总数。

判别函数为

$$f\left(x\right)=\operatorname{sgn}\left(R^2-\|z-a\|^2\right) \tag{5-9}$$

式中，

$$R^2=K\left(x_k,x_k\right)-2\sum_{i=1}^{n}\alpha_i K\left(x_i,x_k\right)+\sum_{i,j=1}^{n}\alpha_i\alpha_j K\left(x_i,x_j\right) \tag{5-10}$$

$$\|z-a\|^2=K\left(z,z\right)-2\sum_{i=1}^{n}\alpha_i K\left(x_i,z\right)+\sum_{i,j=1}^{n}\alpha_i\alpha_j K\left(x_i,x_j\right) \tag{5-11}$$

sgn()表示符号函数；R表示超球体的半径；a代表超球体的球心；$\|z-a\|$表示测试点到球心的距离。若$f\left(x\right)$输出为正，则测试点为正常样本点，否则为异常类样本点。

5.2.4 基于PSO-SVDD算法的POWERLINK工业控制网络的异常检测模型

基于PSO-SVDD算法的POWERLINK工业控制网络异常检测模型包括脆弱性和攻击行为分析、特征提取和预处理、基于PSO算法的参数优化、异常检测模型构建四个部分。基于PSO-SVDD算法的异常检测模型如图5-3所示。

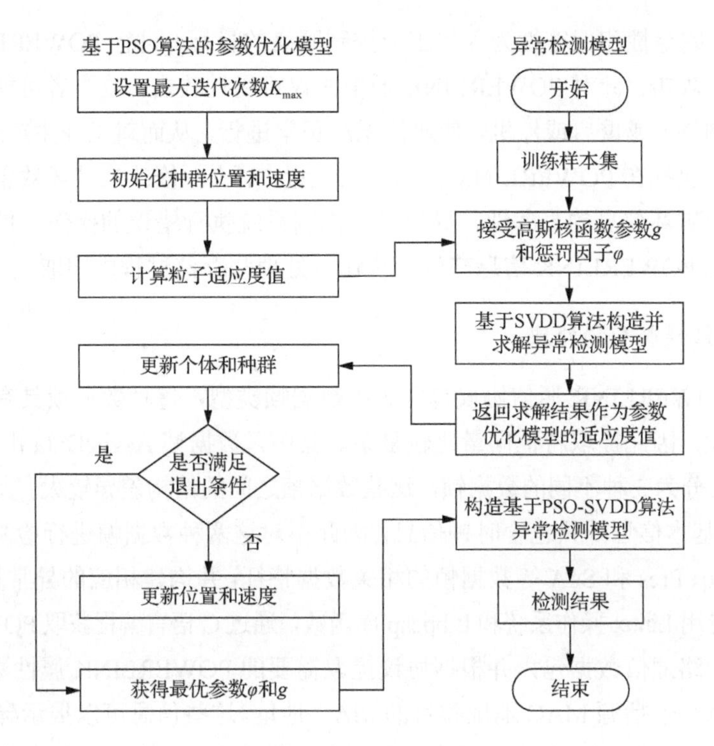

图 5-3　基于 PSO-SVDD 算法的异常检测模型

1. 脆弱性和攻击行为分析

（1）脆弱性分析。由于 POWERLINK 通信协议是一种基于以太网的工业控制网络协议，因此可以传输 TCP、IP 协议，但同时也容易受到传统的网络攻击行为（如 IP 和 DoS 攻击等）的威胁。POWERLINK 通信协议具有简单、源码完全开放、易开发等特点，但同时也存在一些安全漏洞，使得工业控制网络易受到黑客攻击的威胁。这主要是由于 POWERLINK 通信协议缺乏认证、授权和加密等安全机制。具体来说，缺乏认证表现为 POWERLINK 通信连接建立简单，只要通信周期相同并使用合法的节点 ID，就可以建立一个会话。缺乏授权表现为 POWERLINK 通信过程中，缺乏基于角色的访问机制，也未对用户进行分类管理。缺乏加密表现为 POWERLINK 报文地址和命令采用明文传输，容易被攻击者获取并破解。

（2）攻击行为分析。针对 POWERLINK 工业控制网络攻击行为主要利用系统的安全漏洞和 POWERLINK 通信协议规范进行，从而妨碍正常的网络通信过程。攻击者通过窃取或修改主站和从站的通信数据，导致通信系统拒绝服务、从站进入只听模式等问题。与传统的 IP 通信网络不同，工业控制系统对系统设备的可用性、实时性和可控性的要求很高，一旦遭受破坏会受到严重的损失。攻击者主要以可用性、完整性和保密性为入侵工业控制网络的目标，进行 POWERLINK 通信模式的恶意攻击。针对 POWERLINK 通信协议可用性攻击，攻击者可能会干扰或切断通信网络，或重启或停机，使通信无法正常进行，从而对工业生产造成破坏。完整性攻击包括在 POWERLINK 通信数据流量中添加、修改或破坏数据帧中关键数据，从而破坏信息的真实性，导致工业控制系统执行错误的操作。保密性攻击主要是指在 POWERLINK 信息产生、传输、处理和存储过程中窃取关键信息。

2. 特征提取和预处理

（1）POWERLINK 通信协议包含 5 种数据帧类型，每种数据帧具有不同的帧结构和功能，因此提取特征向量比较复杂。其中，数据帧 AsyncData 由于设备 ID 的不同，又分为 5 种不同的数据帧，这些数据帧之间的结构差异较大。此外，数据帧 SOC 除基本信息外只包含时钟信息，因此不对这两种数据帧进行检测，本书主要提取 Preq、Pres 和 SoA 等数据帧的相关数据特征，并构建相应的异常检测模型。

（2）使用 Linux 操作系统和 Libpcap 库函数，通过 C 语言编程获取 POWERLINK 工业控制网络通信数据包，并根据协议提取需要的 POWERLINK 属性数据值。

数据特征包括源 MAC 地址和目的 MAC 地址。这些信息可以揭示异常攻击的主体；以太网类型可以表明是否被攻击者恶意更改协议；不同的信息类型有不同的帧格式和信息内容；不同的网络通信状态处于不同的通信阶段；攻击者增添、破坏应用层数据报文，会改变报文的长度，使其发生畸形变化。这些数据特征可以用来构建异常检测模型，以便及时发现和防范 POWERLINK 工业控制网络中的异常攻击行为。

（3）首先，按照属性的不同将数据分割成不同的短序列，并去除各序列中重复的冗余数据序列，从而构成一个短序列集合。其次，根据设定的顺序，对每个序列中的数据进行排列，构造数据特征向量。最后，采用最小最大规范化方法，将数据映射到[0,1]区间上，以便将不同单位和量纲的数据归一成统一的形式。这样处理后的数据可以更好地用于异常分类和检测任务，提高数据处理的准确性和可靠性。

3. 基于 PSO 算法的参数优化

（1）设定 PSO 算法的最大迭代次数 $K_{\max}$、粒子位置限制范围，粒子速度限制范围。

（2）初始化。随机初始化一组粒子，粒子 i 的当前位置为 $X_i=(x_{i1},x_{i2},\cdots,x_{id})$、

速度 $V_i=(v_{i1},v_{i2},\cdots,v_{id})$，$d$ 表示空间维度。每个粒子的速度和位置包括惩罚因子 φ 和高斯核函数参数 g 两个分量，并设置限制范围。$P_{i,\mathrm{pbest}}^k=(P_{i1,\mathrm{pbest}}^k,P_{i2,\mathrm{pbest}}^k,\cdots,P_{id,\mathrm{pbest}}^k)$ 为粒子 i 在第 k 次迭代中的个体极值，P_{gbest}^k 为群体极值。

（3）计算粒子适应度值 $F(X_i)$。选取基于 SVDD 算法交叉验证意义下的准确率作为粒子适应度值 $F(X_i)$。

（4）子状态更新。个体极值和群体极值的更新如式（5-2）和式（5-3）。

（5）判断是否符合结束条件。假若迭代次数 $k \geqslant K_{\max}$ 或者连续 50 次计算的适应度值变化率未达到 0.01%，则终止迭代，此时所求的群体极值即为最优参数。

（6）对粒子的速度、位置及惯性权重进行更新，每轮更新结束后判断是否超出预设范围，如超出则将其设定在允许的范围内。粒子速度和位置的迭代公式见式（5-4）、式（5-5）。惯性权重更新计算公式见式（5-6）。

4. 异常检测模型构建

（1）数据提取。获取 POWERLINK 网络通信正常流量数据，建立入侵检测网络的训练集数据和测试集数据。

（2）获取最优参数。接受参数优化阶段训练出的惩罚因子 φ 和高斯核函数参数 g 的最优值。

（3）构造并求解对偶问题，见式（5-7）、式（5-8）。

（4）构造判别函数，见式（5-9）～式（5-11）。

（5）根据构造的判别函数对描述通信模式的测试集进行分类预测。

（6）根据 PSO 算法得到的参数优化模型、基于 SVDD 算法得到的异常检测模型，建立基于 PSO-SVDD 算法的异常检测模型，并进行异常行为检测。

5.3　基于半监督分簇策略的工业控制设备异常检测模型

本节针对工业控制系统应用层网络协议的病毒和木马攻击问题，分析 Modbus/TCP 通信协议的规则。当 Modbus/TCP 通信协议的正常数据与攻击数据差异明显时，设计一种半监督分簇策略，该策略结合无监督的模糊 C 均值聚类（FCM）算法和有监督的支持向量机（SVM）算法，实现了工业控制设备异常检测的半监督机器学习。具体步骤为：首先，提取工业控制系统 Modbus/TCP 通信协议的通信数据包，并进行数据预处理。然后，利用模糊 C 均值聚类计算聚类中心和隶属度，计算数据向量与聚类中心的距离，将满足阈值条件的部分数据进一步由遗传算法（GA）优化的支持向量机分类决策。实验结果表明，与传统的入侵检测方法相比，该方法将无监督学习和有监督学习有效结合，不需要提前知道类别标签即可有效地降低训练时间、提高分类精度。图 5-4 展示了基于 FCM-SVM 算法的工业控制设备异常检测模型。

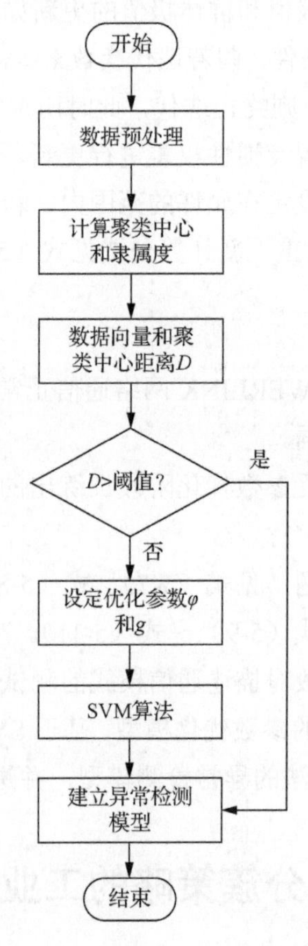

图 5-4 基于 FCM-SVM 算法的工业控制设备异常检测模型

5.3.1 基于 FCM-SVM 算法的工业控制设备异常检测模型建立

基于 FCM-SVM 算法的工业控制设备异常检测模型主要包括三个部分：数据预处理、训练和检测。数据预处理主要是将数据集转化为机器可识别的语言；训练主要是利用无监督的 FCM 算法进行聚类，形成不同的簇，并得到训练模型；检测主要是检测新的数据集中是否存在异常行为。该模型的优点在于结合了无监督学习和有监督学习的优势，同时不需要提前知道类别标签，可有效地降低训练时间、提高分类精度。

在执行过程中，首先，将提取和构造的数据集，利用最小最大规范方法将数据归一化成规范格式。其次，将规范格式的数据集送入训练阶段，利用 FCM 算法将数据分成两类，并将两类数据标签化，正常数据标记为“+1”，异常数据标记为“-1”。然后，利用支持向量机对标签化后的数据进行训练，从而建立正常行为模型。在检测阶段，利用测试集进行预测。对于正常数据和攻击数据，若差别很明显（和阈值比较），则利用 FCM 算法直接可以检测，不需要经过 SVM 算法再次分类就可以直接判断，这样可以大大地节省时间、提高检测速度。若攻击数据和主机发送的正常请求信号较接近，则利用 SVM 算法再次识别，这不仅能提高检测精度[8]，还能及时发现入侵。

5.3.2　基于 FCM-SVM 算法的工业控制设备异常检测模型训练

在基于 FCM-SVM 算法的工业控制设备异常检测模型中，训练是最为关键的模块。训练的好坏直接影响整个异常检测模型的性能。该模型首先采用 FCM 算法对归一化的工业控制设备数据进行训练，建立正常行为模型；其次利用 FCM-SVM 算法对工业控制设备数据进行检测，以判断是否存在异常行为。整个模型的核心在于训练阶段，通过适当的训练可以获得高质量的模型，从而提高检测的精度和可靠性。

1. 训练阶段

FCM 算法是一种无监督聚类算法，用于对工业控制网络流量数据进行标签化。在训练过程中，首先，使用 FCM 算法对工业控制网络流量数据进行聚类，分成不同的簇，并计算每个簇的聚类中心；其次，将距离聚类中心较近的数据向量视为正确分类的数据；最后，根据给定的阈值 λ 计算训练集 A，形成训练模型。整个过程是无监督的，不需要人工标注数据，可以自动进行标签化。具体步骤[9]如下。

（1）对提取和构造出的工业控制网络流量数据进行 FCM 聚类，得到每个簇的聚类中心 O，所有的正常聚类中心标记为 O_+，所有的异常聚类中心标记为 O_-，正常集合标记为 A_+，异常集合标记为 A_-。

（2）对于每个数据向量 x_i，计算其隶属度。

（3）计算聚类中心。

（4）对于每一个数据向量 x_i，计算其与聚类中心的距离，若满足 $D(x_i,O_+)<\lambda$，则标记该数据向量 $x_i \in A_+$，否则标记 $x_i \in A_-$。

（5）计算目标函数，判断是否满足终止条件，满足则算法终止，否则返回步骤（2），直至数据集x中的每个数据向量标记入集合中。

（6）训练集$A = A_+ \cup A_-$。

2. 检测阶段

在检测阶段，首先计算待检测的数据集$B = \{B_1, B_2, \cdots, B_i\}$中每个数据向量与训练模型中聚类中心$O_+$、$O_-$的距离$D_1$和$D_2$。然后按照$D_1$或者$D_2$对数据集$B$进行排序，并给定经验参数阈值$\varepsilon$。根据阈值$\varepsilon$，可以对排序好的数据进行比例选择。例如，若$D_1 = 0.7$，$D_2 = 0.4$，阈值$\varepsilon = 0.2$，该数据靠近聚类中心$O_+$，$|D_1 - D_2| = 0.3 > 0.2$，则判定该数据为正常。如果建立的入侵检测模型结果不理想，可以适当调大阈值ε。如果阈值$\varepsilon = 0.4$，且$|D_1 - D_2| = 0.3 < 0.4$，则不判定该数据，需要再次利用 SVM 算法进行检测。如果$|D_1 - D_2| > \varepsilon$，说明该数据向量靠近分类中间，需要通过遗传算法优化的支持向量机再次分类判定。如果$D_1 > D_2$，则标记为异常；如果$D_1 < D_2$，则标记为正常，不需要再次分类判定，从而降低了训练时间。检测具体步骤如下。

（1）计算每个数据向量B_i与聚类中心的距离$D_1 = D(B_i, O_+)$和$D_2 = D(B_i, O_-)$。

（2）若$|D_1 - D_2| > \varepsilon$且$D_1 > D_2$，标记异常；$D_1 < D_2$，标记正常；若$|D_1 - D_2| < \varepsilon$，则利用 SVM 算法进行再次分类。

（3）若检测结果仍不理想，调节阈值ε，建立入侵检测模型。

（4）重复上述步骤，直至$B = \varnothing$。

5.3.3 基于 FCM-SVM 算法的工业控制设备异常检测模型参数优化

基于 FCM-SVM 算法的工业控制设备异常检测模型中，支持向量机参数的选择对整个模型的优劣有着直接的影响。然而，传统的支持向量机参数选择方法通常是在一个区间内随机选择，这容易导致学习过度和学习不足的问题。此外，随机选择参数也会对测试集的准确性产生较大影响。目前，国际上还没有公认的最佳支持向量机参数选择方法，因此 FCM-SVM 算法中支持向量机参数的优化具有重要意义。本节采用网格搜索、遗传算法和 PSO 算法等智能算法来优化 FCM-SVM 算法的参数，提供了一种可行的模型参数优化解决方案。

1. 基于网格搜索的参数优化

网格搜索（GS）的思想是为了确定惩罚因子φ和核函数参数g的搜索范围和步长，从而构建工业控制设备异常检测训练模型。具体而言，该方法将搜索范围划分为一个二维网格，其中 M 代表惩罚因子 φ 的个数，N 代表核函数参数 g 的个数，并以固定的步长在网格中搜索 $M\times N$ 个参数。根据训练准确率确定最优的参数 φ 和 g，如果没有找到满意的参数，则重新确定搜索范围和步长，直到找到最优参数为止。

网格搜索算法可以并行搜索参数，而且在搜索 $M\times N$ 个参数时，它们相互独立，但计算量随着参数的增加而增加。

网格搜索算法的基本步骤如下。

（1）参数初始化。设定惩罚因子 φ 和核函数参数 g 的个数。

（2）设定搜索范围和步长。

（3）按照步长在二维网格中搜索参数值，并将这些值赋给工业控制设备异常检测模型中支持向量机的参数，计算检测精度。

（4）将得到的检测精度和设定条件进行比较，如果满足条件，则终止搜索；否则，返回步骤（3）继续搜索。

2. 基于遗传算法的参数优化

遗传算法是一种优化算法，1962 年由美国学者 J. H.霍兰德（John Henry Holland）提出。该算法模拟生物进化发展而来，用于寻找工业控制设备异常检测模型中支持向量机参数的最优值。大量文献已经研究了利用遗传算法优化工业控制设备异常检测模型中支持向量机参数的方法。其中，特征属性和支持向量机参数被编码成染色体，将异常检测模型中的分类精度设置为个体适应度。通过利用遗传算法的隐含并行搜索能力，快速找到支持向量机参数，有效保障网络安全。将遗传算法应用到支持向量机参数优化中，可以得到较好的检测精度，在嵌入式网络系统异常入侵检测中具有很好的应用价值。通过建立遗传支持向量机模型，并将其应用于入侵检测系统中，分析支持向量机参数选择对检测率的影响。已有研究表明，经过遗传算法优化后的模型检测精度有了进一步提高。因此，基于遗传算法对工业控制设备异常检测模型进行参数优化是可行的。

遗传算法的基本思想是先将待解决问题的参数进行编码，统一编码为染色体。随后，通过迭代的方式对所选择的适应度函数进行选择、交叉和变异等运算，交换种群中染色体的信息。最后，对个体进行筛选，保留适应度值良好的个体，淘汰适应度值差的个体。重复上述步骤，直到满足预设的约束条件。

图 5-5 为遗传算法优化过程。

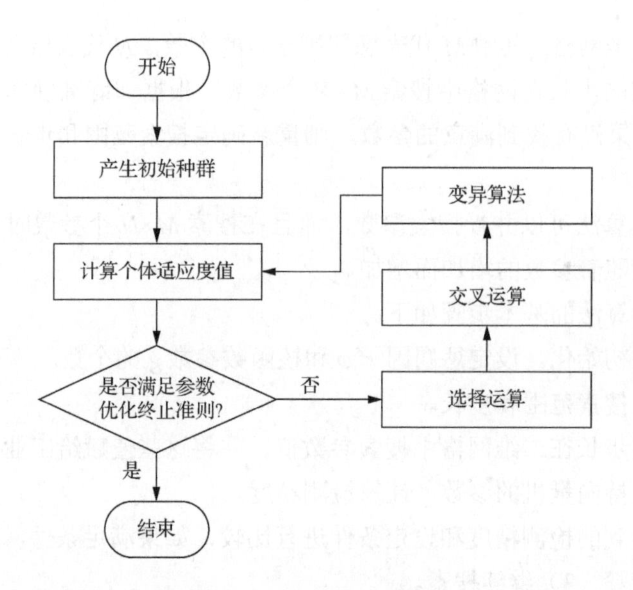

图 5-5 遗传算法优化过程

遗传算法的基本步骤如下。

（1）编码。将采集后预处理的数据表示为基因数据串结构，通过不同的组合形成不同的种群染色体。

（2）种群初始化。随机选取 N 个编码后的数据串结构作为初始群体，每个数据串结构称为一个个体。

（3）适应度评估。评估每个个体的优劣性，通过适应度函数来衡量个体的适应度。

（4）选择。按照设定的概率对群体进行选择，适应度值高的个体被选择的概率更高，被选择的个体被保留下来。

（5）交叉。从群体中随机选取两个个体，通过染色体的交换，整合信息，产生新一代群体。交叉是遗传算法中最主要的操作。

（6）变异。从种群中随机选取一个个体，以一定的概率改变数据串结构中的值，以增加种群的多样性。

（7）适应度评估。重新评估新一代群体的适应度值，适应性优良的个体被保留，相对较差的个体被淘汰。直到满足预设条件才终止，否则返回步骤（4）。

本节采用遗传算法对工业控制设备异常检测模型进行参数优化，得到了基于FCM-GA-SVM 算法的工业控制设备异常检测模型。图 5-6 展示了基于 FCM-GA-SVM算法的工业控制设备异常检测程序框图。

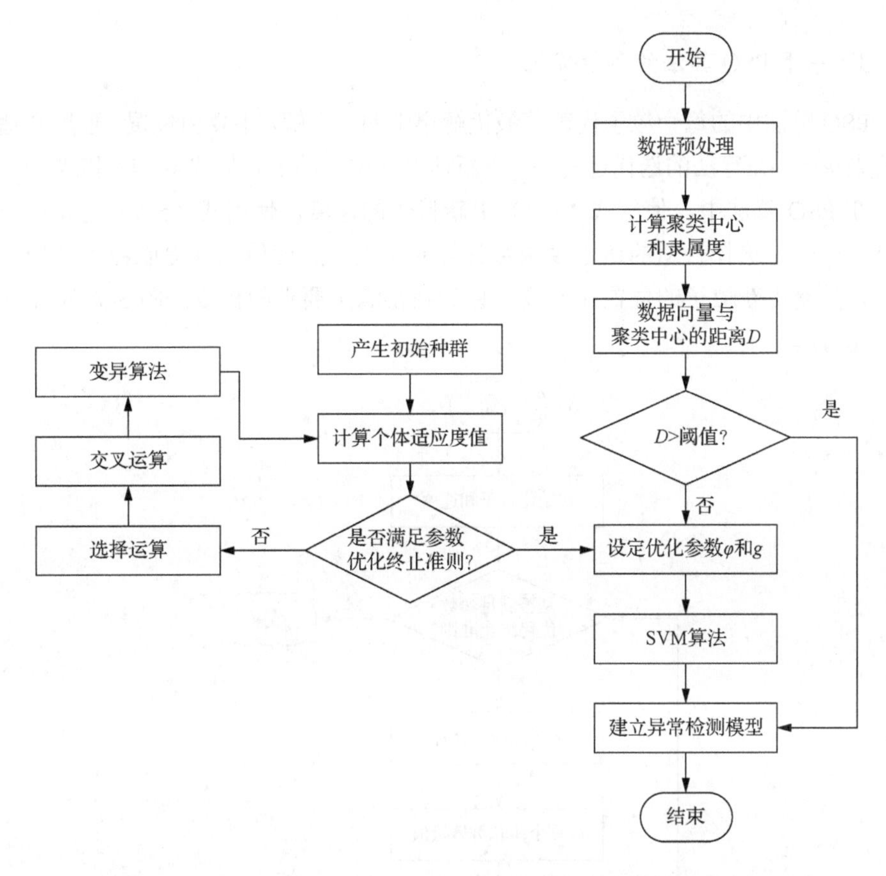

图 5-6　基于 FCM-GA-SVM 算法的工业控制设备异常检测程序框图

在遗传算法的运算过程中，最基本的要素包括编码、适应度函数、遗传操作和运行参数。编码指将一个问题的可行解从其解空间转换到遗传算法的搜索空间，适应度函数则是通过计算个体适应度值来进行选择。遗传操作包括选择算子、交叉算子和变异算子。运行参数则是在数据初始化时需要明确的参数，包括群体大小 N、交叉概率 P_c、变异概率 P_m 和遗传次数 G。

利用遗传算法对工业控制设备异常检测模型进行参数优化具有以下特点。首先，遗传算法将问题参数编码为染色体进行优化，而不是直接对参数进行优化，从而减少函数约束条件对模型的限制。其次，在搜索问题参数的过程中，遗传算法主要是从目标函数的解集中进行搜索，而不是对每个个体进行操作，这有助于避免算法陷入局部最优解。最后，在进行最优化计算时，遗传算法对目标函数没有特别要求，不需要函数连续或可导。

3. 基于PSO算法的参数优化

PSO算法中的每个粒子代表着最优解集中的一个解，主要由位置、速度和适应度值来决定。在算法的迭代过程中，更新速度和位置的公式如式（5-4）和式（5-5）。

在PSO算法中，使用式（5-4）更新粒子的速度，使用式（5-5）更新粒子的位置。同时，选择合适的适应度函数计算粒子的适应度值，并提取粒子的极值。然后，重复更新粒子的位置和速度，直到获得满足要求的极值。图5-7为PSO算法优化过程。

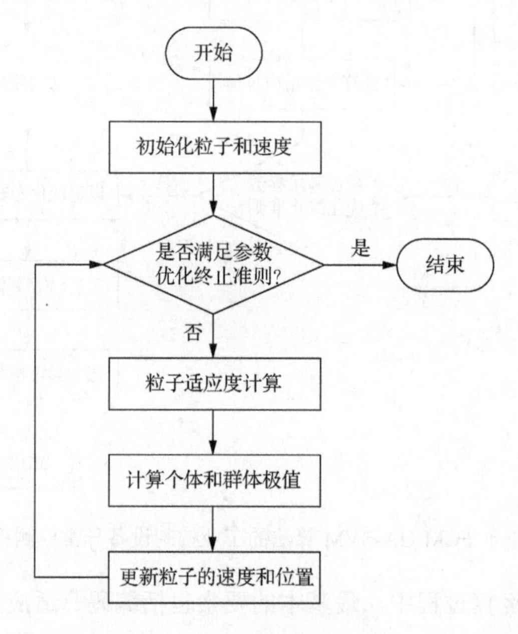

图5-7　PSO算法优化过程

惯性权重描述的是在PSO算法中，粒子上一代速度对当前速度的影响程度。惯性权重越大，表示粒子对目标函数的全局搜索能力越强、局部搜索能力越弱。当问题解空间较大时，惯性权重越大，搜索精度越高，但所需搜索时间相对较长。为了平衡这两者之间的关系，在算法的前期，应优先考虑搜索精度，即先进行全局搜索以获得最优粒子，当最优粒子的范围大致确定后，再转换为局部搜索以提高收敛精度。因此，惯性权重不应该是一个固定值，而应该是在一定范围内变化的数值。

PSO算法的基本步骤主要如下。

（1）初始化粒子群体，随机产生所有粒子的位置和速度，并确定个体极值和群体极值。

（2）根据适应度函数评估每个粒子的适应度值。

（3）根据式（5-2）和式（5-3）更新个体极值和群体极值。

（4）根据式（5-4）、式（5-5）和式（5-6）更新粒子的速度、位置和惯性权重。

（5）当达到最大迭代次数时，比较适应度值的增量是否小于给定阈值，如果满足条件，则终止算法，否则返回步骤（2）。

利用 PSO 算法对工业控制设备异常检测模型进行参数优化具有以下特点：与其他智能优化算法相比，PSO 算法所需调整的参数较少，主要作用的参数是惯性权重；PSO 算法具有更快的收敛速度，在搜索目标函数的最优解时，PSO 算法始终跟随最优粒子所对应的解，满足单向的信息流动，无须进行循环搜索。相比之下，遗传算法对目标函数的搜索过程是整个种群的均匀移动，而 PSO 算法的最终收敛速度更快。

本节采用 PSO 算法对工业控制设备异常检测模型进行参数优化，得到了基于 FCM-PSO-SVM 算法的工业控制设备异常检测模型。图 5-8 展示了基于 FCM-PSO-SVM 算法的工业控制设备异常检测程序框图。

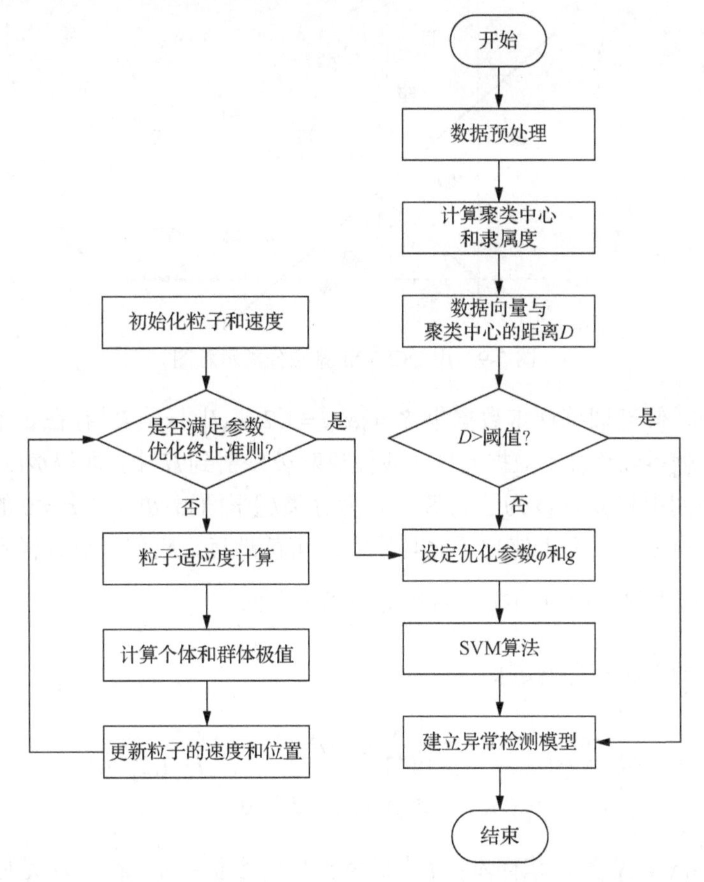

图 5-8　基于 FCM-PSO-SVM 算法的工业控制设备异常检测程序框图

5.4 基于优化单类支持向量机的入侵检测模型

当 Modbus/TCP 通信协议的正常数据与攻击数据之间的差异较小时，需要判断是否存在新型未知攻击操作行为或小样本异常行为。如果出现已知攻击操作行为，则可以采用基于优化单类支持向量机的入侵检测模型[10]。

5.4.1 单类支持向量机概述

单类支持向量机（OCSVM）算法是将单分类问题等价于一个特殊的二分类问题。该算法使用核函数将输入空间映射到高维空间，并在高维空间中寻找超平面，使其尽可能地与原点分开，如图 5-9 所示。

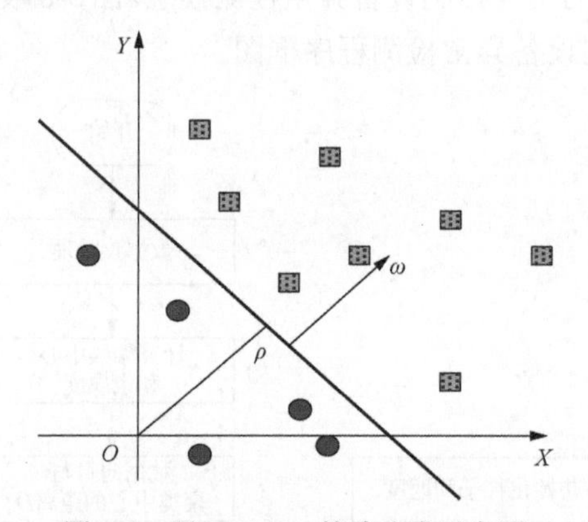

图 5-9 用 OCSVM 算法分类示意图

同样地，假设训练样本数据集 $X=\{x_i,i=1,2,\cdots,l\}$，$x_i \in R^N$ 存在一个高维的特征空间H，使得训练样本数据通过非线性映射Φ映射到H中，即得$\Phi(x_i)\in H$。在高维特征空间中建立以ω为法向量，ρ为分类超平面$\omega \cdot \Phi(x)-\rho=0$的截距，使样本点与原点分开。为了使超平面与原点尽可能地远，应使原点到样本数据之间的距离$\dfrac{\rho}{\|\omega\|}$最大化，此时的超平面就是最优超平面。

其求解的二次规划问题如下：

$$\begin{cases} \min\limits_{\xi\in R^l,\rho\in R} \dfrac{1}{2}\|\omega\|^2+\dfrac{1}{\nu l}\sum\limits_{i=1}^{l}\xi_i-\rho \\ \text{s.t.} \quad \Phi(x_i), \quad \omega \geqslant \rho-\xi_i, \quad \xi_i \geqslant 0 \end{cases}, \quad i=1,2,\cdots,l \tag{5-12}$$

式中，$x_1,\cdots,x_l \in X$为训练样本；l为训练样本的数量；$\Phi: X \to H$是原空间到特征空间的映射；ω和ρ分别为特征空间中所需超平面的法向量和补偿；$\nu \in (0,1]$是一个权衡参数，用于权衡数据集中的正常数据与异常数据，它是数据集中异常样本的比例上界，是支持向量的比例下界；ξ_i 是松弛变量，允许训练样本被错误分类的程度。

引入拉格朗日函数求解上述二次规划问题：

$$L(\omega,\xi,\rho,\alpha,\beta)=\frac{1}{2}\|\omega\|^2+\frac{1}{\nu l}\sum_{i=1}^{l}\xi_i-\rho-\sum_{i=1}^{l}\alpha_i\left(\omega\cdot\Phi(x_i)-\rho+\xi_i\right)-\sum_{i=1}^{l}\beta_i\xi_i \tag{5-13}$$

对 ω、ρ、ξ_i 分别求偏导数，得

$$\begin{cases}\omega=\sum_{i=1}^{l}\alpha_i\Phi(x_i)\\ \alpha_i=\frac{1}{\nu l}-\beta_i\\ \sum_{i=1}^{l}\alpha_i=1\end{cases} \tag{5-14}$$

式中，α_i 与 β_i 为拉格朗日因子。引入高斯核函数：

$$K(x_i,x_j)=\left\langle\Phi(x_i),\Phi(x_j)\right\rangle=\exp\left(\frac{-\|x_i-x_j\|^2}{2\sigma^2}\right) \tag{5-15}$$

式中，σ 为高斯核的带宽。采用拉格朗日优化后得到其对偶问题[11]为

$$\begin{cases}\min\limits_{\alpha}\frac{1}{2}\sum_{i=1}^{l}\sum_{j=1}^{l}\alpha_i\alpha_jK(x_i,x_j)\\ \text{s.t.}\quad 0\leqslant\alpha_i\leqslant\frac{1}{\nu l},\quad\sum_{i=1}^{l}\alpha_i=1\end{cases},\quad i=1,\cdots,l \tag{5-16}$$

选取任一满足 $0\leqslant\alpha_i\leqslant\frac{1}{\nu l}$ 的 α_i，计算出偏移量 $\rho=\sum_{i=1}^{l}\alpha_iK(x_i,x_j)$，$\alpha_i$ 对应的向量 x_i 就是支持向量。最终求得判别函数为

$$f(x)=\operatorname{sgn}\left(\sum_{i=1}^{l}\alpha_iK(x_i,x)-\rho\right) \tag{5-17}$$

同样地，$f(x)$ 输出大于零，则样本点为正常样本，否则样本点为离群点，即异常样本点。

5.4.2　基于 PSO-OCSVM 算法的入侵检测模型

基于通信行为的入侵检测是工业控制系统入侵检测中的难点问题。本节通过使用 PSO 算法对单类支持向量机（OCSVM）算法的参数进行优化，提出了一种

PSO-OCSVM 算法。该算法对 Modbus 功能码序列进行检测，通过 PSO 算法对基于 OCSVM 算法的入侵检测模型进行参数优化与结构优化，从而提高模型对入侵的检测精度。通过仿真对比分析，证明 PSO-OCSVM 算法满足工业控制系统通信入侵检测对高效性、可靠性和实时性的需求。

基于 PSO-OCSVM 算法的工业控制系统入侵检测模型，通过使用 PSO 算法对 OCSVM 算法的参数进行优化，克服了网格搜索方法导致的训练时间过长和漏报率高等问题，进一步满足工业控制系统入侵检测对准确性、可靠性和高效性的要求。本节提出的基于 PSO-OCSVM 算法的工业控制系统入侵检测模型流程如图 5-10 所示。

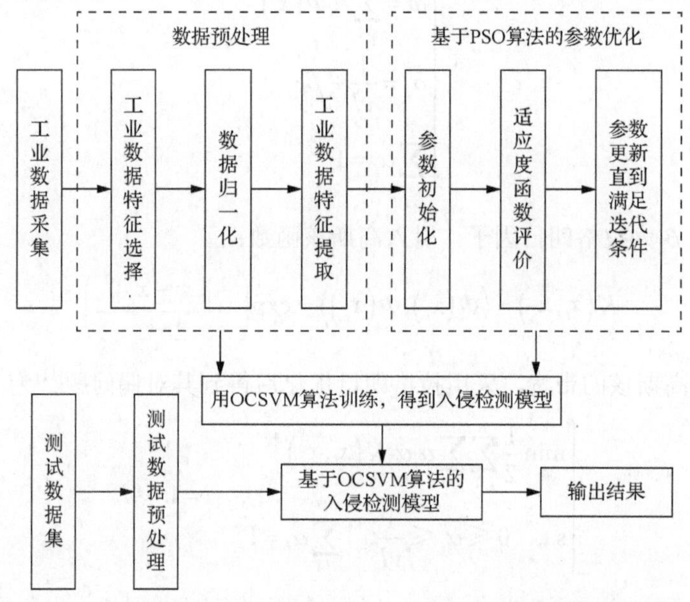

图 5-10 基于 PSO-OCSVM 算法的工业控制系统入侵检测模型流程

利用 PSO 算法寻找最佳的参数组合 (v,g) 以减少经验试算方法的盲目性，并提高检测模型的训练效率和检测精度。本节提出了一种利用 PSO 算法对 OCSVM 算法参数和高斯核函数参数进行优化的方法，以缩短寻优时间并优化检测模型结构，从而提高入侵检测模型的检测精度。其具体步骤如下[10]。

（1）设置 PSO 算法的最大迭代次数 $K_{\max}$、粒子位置限制范围，粒子速度限制范围。

（2）初始化。随机初始化一组粒子，粒子 i 的当前位置为 $X_i=(x_{i1},x_{i2},\cdots,x_{id})$、速度 $V_i=(v_{i1},v_{i2},\cdots,v_{id})$，其中，$d$ 表示空间维度。每个粒子的速度和位置包括 OCSVM 参数和高斯核函数参数两个分量，设置两个分量的限制范围。粒子 i 在第

k 次迭代中的个体极值为 $P_{i,\mathrm{pbest}}^{k}=(P_{i1,\mathrm{pbest}}^{k},P_{i2,\mathrm{pbest}}^{k},\cdots,P_{id,\mathrm{pbest}}^{k})$，群体极值为 P_{gbest}^{k}。

（3）读入经过数据处理后的工业数据。

（4）接收 PSO 算法参数优化流程传递的 OCSVM 算法参数和高斯核函数参数，训练得到当前参数下的基于 OCSVM 算法的入侵检测模型。

（5）计算粒子适应度值，该值取决于 OCSVM 算法的入侵检测分类准确率，将粒子位置的 OCSVM 参数和高斯核函数参数的分量传入 OCSVM 算法计算准确率。准确率越高，适应度值越大。

（6）更新个体极值和群体极值，如式（5-2）和式（5-3）所示。

（7）判断是否满足退出迭代条件。若超过最大迭代次数或连续 T 次适应度值的变化始终没有超过阈值 σ，则退出迭代寻优过程，并且此时的群体极值为所要求的最优参数。如果不满足退出条件，则返回步骤（4）。

（8）根据式（5-4）~式（5-6）对粒子速度、位置及惯性权重进行更新，每轮更新结束后判断是否超出预设范围，如超出则将其设定在允许的范围内。

（9）得到 OCSVM 算法的最佳参数，训练工业数据得到优化后的最佳入侵检测模型。

为了防止粒子超出求解空间，粒子的速度被限制在 $[V_{\min},V_{\max}]$。如果 $V_{\max}$ 过大，粒子会远离最优解；如果 $V_{\max}$ 过小，粒子会陷入局部最优解。因此，每一轮更新结束后需要判断位置是否限定在规定范围 $[X_{g\min},X_{g\max}]$ 和 $[X_{v\min},X_{v\max}]$ 内。如果某个分量超出了范围，则将其限制在该范围之内。例如，如果 $X_{ig}<X_{g\min}$，则设置 $X_{ig}=X_{g\min}$；如果 $X_{ig}>X_{g\max}$，则设置 $X_{ig}=X_{g\max}$。

本节介绍了针对工业控制系统异常数据少、维度高、关联性强等特点，设计的一种 PSO-OCSVM 算法，该算法利用 PSO 算法进行参数优化，只用一类样本即可训练入侵检测模型。实验结果表明，OCSVM 算法在入侵检测中具有速度快、泛化能力强、支持向量少、模型简单等优点，在入侵检测等领域具有较大的实用价值。本节在数据预处理上仅对 Modbus 功能码进行基本的向量处理，未来将在数据降维处理上展开相关工作，并将在实时数据采集的基础上展开相应的在线入侵检测等相关工作的研究。未来将研究采用异常通信数据训练 OCSVM 算法，使训练的模型更加准确、可靠，具有更大的使用价值。

5.5　基于稀疏自编码器特征降维和双轮廓模型的异常检测模型

已有较多研究在工业控制系统的入侵检测取得了一定的成就，但是误报率和漏报率依然较高。为提高工业控制系统入侵检测的正确率，降低误报率和漏报率，本节提出采用 OCSVM 算法构建双轮廓模型[11]，通过实时协同判别引擎进行工业控制系统入侵检测，仲裁判决考虑误报率和漏报率两个因素，完成异常判定。同时，为防止 OCSVM 算法由于输入自变量过多而导致的过拟合现象，采用稀疏自编码器对输入自变量进行特征降维，去除冗余，提高 OCSVM 算法精度，减少建模时间。

5.5.1 稀疏自编码器降维模型

特征维数过多是导致工业控制安全入侵检测速度低的原因，可以通过对高维、非线性的属性特征进行约简来达到降维目的。通过特征的稀疏表达，使用少量的基本特征组合拼装得到更高层次抽象的表达。

稀疏自编码器使用自身的高阶特征编码，借助稀疏编码的思想，目标是使用稀疏的一些高阶特征重新组合来重构。稀疏自编码器的特征很明显：第一，期望输入等于输出；第二，使用高阶特征来重构，而不只是复制像素点。如果稀疏自编码器的隐含层只有一层，那么其原理类似于主成分分析（PCA）法，只是 PCA 是线性降维，稀疏自编码器激活函数 sigmoid 为非线性激活函数，所以稀疏自编码器可看作非线性降维，并且能将数据各个层次的特征都学习出来。

1. 自编码器标准模型学习算法

标准的自编码器是一个关于中间层对称的多层前馈网络，它的输入和输出一致，可用来学习恒等映射并抽取无监督特征。图 5-11 是一个单层自编码器的网络结构，输入层到中间层的部分称为编码器，从中间层到输出层的部分为解码器。自编码器学习从输入生成隐含层表示，从隐含层表示重构与输入尽可能接近的输出。

编码是指输入 $x \in R$ 映射到隐含层表示 $h(x) \in R$ 的过程，计算公式为

$$h(x) = \sigma_h(Wx + b) \tag{5-18}$$

式中，$W \in R$ 为编码权值矩阵；$b \in R$ 为编码偏置向量；$\sigma_h(x)$ 为向量值函数，非线性情况取 sigmoid 函数。

解码是指把隐含层表示 $h(x)$ 映射到输出层 o，以对输入 x 进行重建。计算公式为

$$o = \sigma_o\left(W'h(x) + b'\right) \tag{5-19}$$

式中，x 为输入；o 为输出；$W' \in R$ 为解码权值矩阵；$b' \in R$ 为解码偏置向量；$\sigma_o(x)$ 与 $\sigma_h(x)$ 类似。

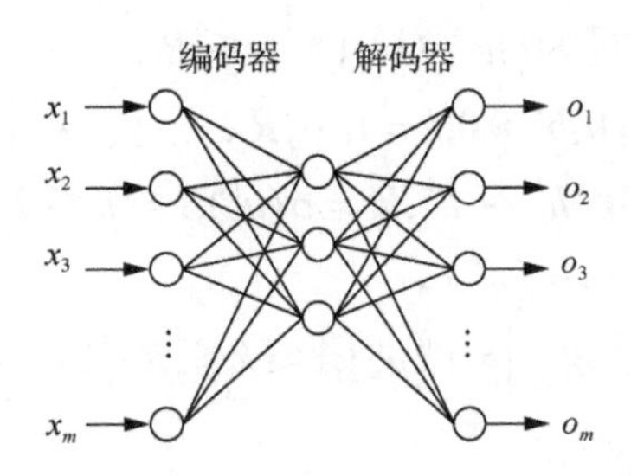

图 5-11 单层自编码器的网络结构

作为一种特殊的多层感知器，自编码器可通过反向传播算法学习权值和偏置。直接采用反向传播算法学习权值和偏置结果不稳定，通常会出现学习过程收敛慢，或不收敛。故采用贪婪逐层的方式进行无监督预训练和有监督调优。

2. 无监督预训练算法

从输入层到隐含层，把每相邻两层看作一个受限玻尔兹曼机（RBM）。每个受限玻尔兹曼机输出作为下一紧邻受限玻尔兹曼机输入，从最底层开始，用 CD-K 算法进行逐层训练，从而得到自编码器的所有初始化权值和偏置。

无监督预训练算法步骤如下。

（1）用接近 0 的随机数初始化网络参数$\left(W^i,b^i\right)$，$1\leqslant i\leqslant r$。

（2）使用 CD-K 算法训练第一个 RBM，该 RBM 可视层为x，隐含层为h_1。

（3）对于$1<i\leqslant r$，将h_{i-1}作为第i个 RBM 的可视层，将h_i作为第i个 RBM 的隐含层，使用 CD-K 算法，逐层训练 RBM。

（4）反向堆叠 RBM，初始化$r+1$到$2r$层的自编码器参数。

3. 有监督调优

在无监督预训练完成后，采用有监督学习算法对网络全部参数进行调优，本节采用误差逆传播算法从输出层到输入层逐层实现对网络参数的调整。

在这个算法中，共有N个训练样本$\left(x^l,y^l\right)$，$1\leqslant l\leqslant N$，输入$x^l=\left(x_1^l,x_2^l,\cdots,x_m^l\right)^{\mathrm{T}}$，期望输出$y^l=\left(y_1^l,y_2^l,\cdots,y_c^l\right)^{\mathrm{T}}$，实际输出$o^l=\left(o_1^l,o_2^l,\cdots,o_c^l\right)^{\mathrm{T}}$，优化目标是下面的平法重构误差：

$$L_N=\frac{1}{2}\sum_{l=1}^{N}\sum_{j=1}^{c}\left(o_j^l-y_j^l\right)^2 \tag{5-20}$$

有监督调优步骤如下。

输入：训练集$S=\{(x^l,y^l),1\leqslant l\leqslant N\}$，模型整体由$R$层网络组成。

输出：权值矩阵和偏置为$\left(W^k,b^k\right),1\leqslant k\leqslant R$。

（1）随机初始化$W^k\approx 0,b^k\approx 0,k=1,\cdots,R$。

（2）计算$h_o^l=x^l,u_k^l=W^k h_{k-1}^l+b^k,h_k^l=\sigma(u_k^l),1\leqslant k\leqslant R$。

（3）计算$\delta_R^l=\left(o^l-y^l\right)\circ\sigma'\left(u_R^l\right)$。

（4）计算$\delta_k^l=\left[\left(W^{k+1}\right)^{\mathrm{T}}\delta_{k+1}^l\right]\circ\sigma'\left(u_k^l\right),1\leqslant k\leqslant R-1$。

（5）计算$\begin{cases}\dfrac{\partial L_N}{\partial W^k}=\displaystyle\sum_{l=1}^{N}\delta_k^l\left(h_{k-1}^l\right)^{\mathrm{T}}\\ \dfrac{\partial L_N}{\partial b^k}=\displaystyle\sum_{l=1}^{N}\delta_k^l\end{cases},\ 1\leqslant k\leqslant R$。

（6）计算权值和偏置更新，$W^k\leftarrow\left(W^k-\eta\dfrac{\partial L_N}{\partial W^k}\right),b^k\leftarrow\left(b^k-\eta\dfrac{\partial L_N}{\partial b^k}\right)$。

通过实验可以证明，两阶段的训练方法能够明显提高自编码器学习效果，有助于基于 OCSVM 算法的入侵检测模型建立。

5.5.2 降维优化目标函数

稀疏自编码器在模型优化中增加对隐含层神经元激活的稀疏性约束，使绝大多数隐含层神经元处于非激活状态，从而实现降维。如果给中间隐含层的权重加一个正则项，则可以根据惩罚系数控制隐含层节点的稀疏程度。

稀疏自编码器优化的目标函数为

$$L=L_N+\beta\sum_{l=1}^{N}\mathrm{KL}\left(\rho\,\|\,\tilde{\rho}_j\right) \tag{5-21}$$

式中，$\sum_{l=1}^{N}\mathrm{KL}\left(\rho\,\|\,\tilde{\rho}_j\right)$为惩罚项；$\beta$为惩罚系数；$\rho$为稀疏性系数，$\rho$越小越稀疏，通常取接近于 0 的数。本节的方法中，$\rho=0.04$。$\tilde{\rho}_j$表示第j个隐含层神经元平均激活值。

通过对目标函数进行优化，学习到特征的稀疏表达，得到高维空间到低维空间的特征映射，用于构建基于 OCSVM 算法的入侵检测模型的特征向量，从而提高检测速度。

5.5.3 基于 OCSVM 双轮廓模型的异常检测模型构建

任何工业生产过程都可以用一系列功能控制操作来抽象描述，采集的工业数据具有正常数据多、异常数据少的特点，故采用参数优化的 OCSVM 算法，分别构建异常和正常通信行为下的双轮廓模型。同时，OCSVM 算法对噪声样本数据具有健壮性，能建立较准确的分类模型[12]。

与遗传算法相比，PSO 算法没有选择、交叉、变异的操作，而是通过粒子在解空间追随最优的粒子进行寻优。本节的方法采用 PSO 算法对决定分类器性能和结构的关键参数进行寻优，需要寻优的重要参数包含 OCSVM 算法的权衡参数 v 和高斯核函数参数 g。选取分类准确率作为 PSO 算法的适应度值。

为消除数据本身的冗余，在保留信息量的同时简化网络的计算量和网络结构的复杂度，本节采用网络结构为 20-8-20 的稀疏自编码器实现数据特征降维。本节的方法选取 8 维向量作为稀疏自编码器的隐藏层，稀疏层为 8 维向量时能更好地还原输入 20 维变量数据特征，符合自编码器的特点。即将 20 维数据降至 8 维，作为 OCSVM 算法输入特征向量，达到减少运算时间的目的。

利用 PSO 算法进行参数优化后，采用经稀疏自编码器降维处理后的数据作为 OCSVM 双轮廓模型的输入自变量。

工业控制系统入侵活动并不总与异常活动相符合，包括 4 种可能：入侵而非异常（漏报）、非入侵而异常（误报）、非入侵非异常（正确判断）、入侵且异常（入侵）。

（1）入侵而非异常。活动具有入侵性却因为不是异常而导致不能检测到，造成漏报，结果就是入侵检测系统（IDS）不报告入侵。

（2）非入侵而异常。活动不具有入侵性，而因为它是异常的，IDS 报告入侵，这时就造成误报。

（3）非入侵非异常。活动不具有入侵性，IDS 没有将活动报告为入侵，这属于正确的判断。

（4）入侵且异常。活动具有入侵性并因为活动是异常的，IDS 将其报告为入侵。

本节采用单类支持向量机分别建立用于检测正常通信行为的 OCSVM 算法（正常 OCSVM 模型）和用于检测入侵通信行为的 OCSVM 算法（异常 OCSVM 模型），提出基于双轮廓模型的异常检测方法，实现正常和异常行为的协同判别，达到降低漏报率和误报率的目的，实现工业控制网络入侵检测。

协同判别引擎实时捕获并提取功能控制行为信息，以此作为模型的输入数据进行异常判定。双轮廓模型的协同判别机制简述如下：

（1）若异常 OCSVM 模型判定为“正常”，同时正常 OCSVM 模型也判定为“正常”，则最终结果为“正常”；

（2）若异常 OCSVM 模型判定为“异常”，同时正常 OCSVM 模型也判定“异常”，则最终结果为“异常”；

（3）若异常 OCSVM 模型与正常 OCSVM 模型判定结果不一致，则需要进行进一步的仲裁判决，仲裁判决考虑误报率和漏报率两个因素，完成最终的异常判定。

通过上述基于 OCSVM 双轮廓模型的异常检测模型实现工业控制网络的异常检测，可以有效降低漏报率和误报率，保护工业控制系统正常运行。

5.6 本章小结

针对不同的工业控制网络通信协议、数据差异、异常行为等，本章提出了 4 种不同的入侵检测模型，包括基于 PSO-SVDD 算法的异常检测模型、基于半监督分簇策略的工业控制设备异常检测模型、基于优化单类支持向量机的入侵检测模型、基于稀疏自编码器特征降维和双轮廓模型的异常检测模型，并详细介绍了上述模型的流程。

参考文献

[1] 张瑜, 尚文利, 赵剑明, 等. POWERLINK 协议通讯的异常检测方法[J]. 计算机工程与设计, 2019, 40(1): 65-70.

[2] Knezic M, Dokic B, Ivanovic Z. Theoretical and experimental evaluation of Ethernet POWERLINK poll response chaining mechanism[J]. IEEE Transactions on Industrial Informatics, 2017, 13(2): 923-933.

[3] Kennedy J, Eberhart R. Particle swarm optimization[C]. Proceedings of ICNN'95 - International Conference on Neural Networks, Perth, 1995, 4: 1942-1948 .

[4] 钱锋. 粒子群算法及其工业应用[M]. 北京: 科学出版社, 2013.

[5] 王凌, 刘波. 微粒群优化与调度算法[M]. 北京: 清华大学出版社, 2008.

[6] 刘波. 粒子群优化算法及其工程应用[M]. 北京: 电子工业出版社, 2010.

[7] Hou T, Liu Y, Wang K, et al. A new weighted SVDD algorithm for outlier detection[C]. 2016 Chinese Control and Decision Conference (CCDC), Yinchuan, 2016:5456-5461.

[8] Chandrasekhar A M, Raghuveer K. Confederation of FCM clustering, ANN and SVM techniques to implement hybrid NIDS using corrected KDD cup 99 dataset[C]. 2014 International Conference on Communication and Signal Processing, Melmaruvathur, 2014:672-676.

[9] 崔君荣, 尚文利, 万明, 等. 基于半监督分簇策略的工控入侵检测[J]. 信息与控制, 2017, 46(4): 462-468.

[10] 尚文利, 李琳, 万明, 等. 基于优化单类支持向量机的工业控制系统入侵检测算法[J]. 信息与控制, 2015, 44(6): 1-7.

[11] 尚文利, 闫腾飞, 赵剑明, 等. 工控通信行为的自编码特征降维和双轮廓模型异常检测方法[J]. 小型微型计算机系统, 2018, 39(7): 1405-1409.

[12] 邓乃扬, 田英杰. 支持向量机: 理论、算法与拓展[M]. 北京: 科学出版社, 2009.

第6章

可信 PLC 控制系统的设计与开发

本章介绍可信 PLC 控制系统中可信 PLC 工程师站和可信 PLC 控制器的应用设计与开发。可信 PLC 工程师站在原有自动化技术（AT）软件基础上新增或修改部分功能，以实现可信性。安全 U 盾必须安装在可信 PLC 工程师站上，AT 软件通过安全 U 盾实现用户身份认证、权限控制和通信数据加/解密功能。此外，AT 软件还新增了字节码编译功能，将 IEC 逻辑编译为字节码指令文件，并将其下载到可信 PLC 控制器中，以实现可信 PLC 控制器沙盒功能。

可信 PLC 控制器在传统 PLC 控制器软硬件基础上新增或修改部分功能，内置可信芯片实现可信启动[1]。IEC 逻辑被编译为字节码格式的中间指令，CPU 解释执行中间指令，实现了 8 个 IEC 任务的解释执行和独立运行，从而实现了沙盒功能。此外，可信 PLC 控制器内置有硬件可信芯片，增加了可信启动功能[2]。可信 PLC 控制器可作为从站/服务器通过以太网接入第三方系统，支持 Modbus/TCP、OPC UA、PROFINET、IEC 60870-5-104、DNP 3.0 五种通信协议，改进了通信健壮性，并通过 Achilles（阿基里斯）二级认证，支持经过数字签名的固件升级功能。

6.1 可信 PLC 控制器硬件设计

6.1.1 可信 PLC 控制器结构

可信 PLC 控制系统采用传统的系统结构，不需要重新设计背板及供电模块等，仅需要新设计控制器模块和网络防护单元（NGU）模块。可信 PLC 控制器由五部分组成：电源模块、主控模块、NGU 网关、通信模块和背板（图 6-1）。

图 6-1 可信 PLC 控制器结构

针对缺少自身防护能力的工业控制系统，提出基于 NGU 的 PLC 安全防护架构，如图 6-2 所示。在传统控制系统中以 NGU 替代通信模块，在满足不同工业应用实时性与可靠性需求的前提下，采用可信计算技术，提供嵌入式电子设备的身份认证、通信数据的加/解密及通信行为的访问控制等安全功能。

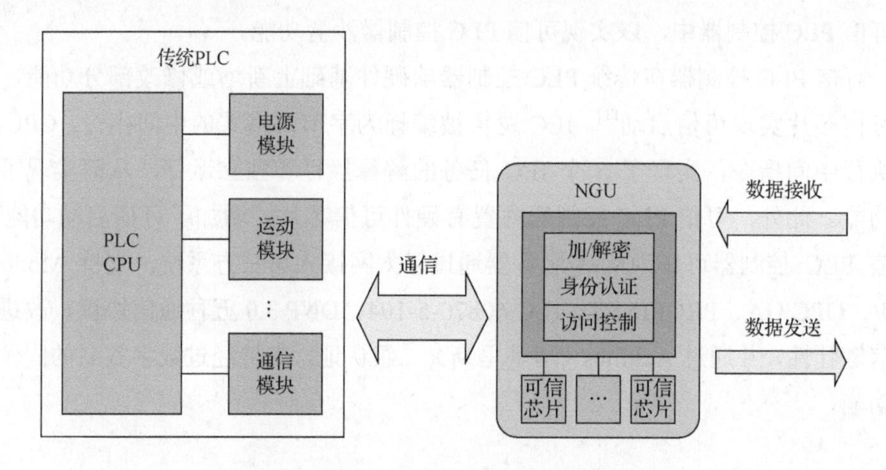

图 6-2 基于 NGU 的 PLC 安全防护架构

6.1.2 可信 PLC 控制器硬件架构

相对于原控制器，可信 PLC 控制器在硬件上增加了图 6-3 左下角的虚线框中的复杂可编程逻辑器件（CPLD）和可信加密芯片等组件（其中 EEROM 为备用）。这些组件用于完成可信启动功能。

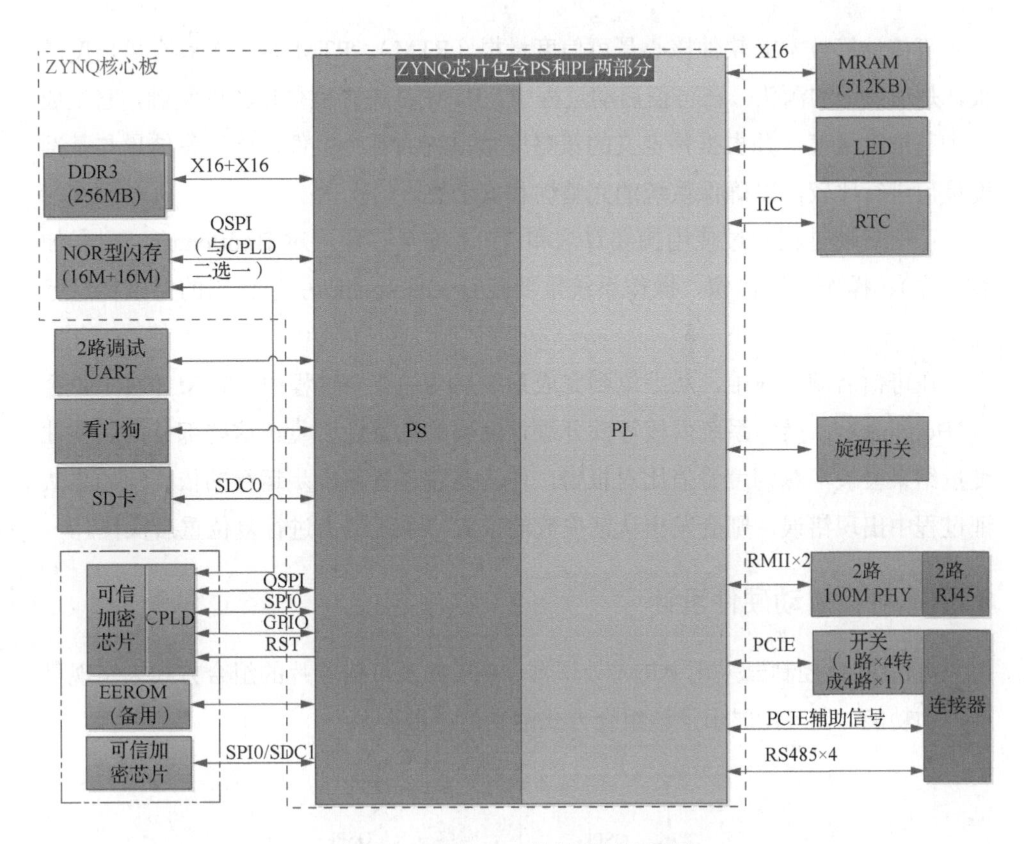

图6-3 可信PLC控制器硬件框图

6.2 可信PLC控制器可信启动功能设计

由于典型的PLC控制系统由上位机控制层、PLC下位机控制层和现场设备过程层组成，上位机与PLC下位机间通过工业以太网进行通信互联，PLC下位机与现场设备间通过现场总线进行通信与实时控制，因此，PLC在面临上位机联网所带来的网络渗透攻击的同时，又面临着针对PLC下位机的深层攻击控制与破坏威胁。

可信计算是在计算和通信系统中广泛使用的基于硬件安全模块支持的可信计算平台[3]。解决PLC控制系统的安全问题，可信计算技术行之有效[4]。可信计算技术的核心在于TPM安全芯片[5]，其包含密码运算和存储部件。所有文件的度量、存储和报告都基于该芯片。借助TPM，可信计算能够主动对任意文件进行度量。

可信计算技术的软件核心是可信度量根（RTM）。RTM 是一个具有可信度的根，是信任链的源头。在可信启动过程中，RTM 是进行度量校验的基础，它生成一个基准度量值，并根据预定义的策略度量系统的各个组件，将度量结果与基准度量值进行比较，以确保系统的完整性和安全性。

可信启动过程通过使用摘要算法和 TPM 安全芯片，对 Bootloader（引导加载程序）、操作系统镜像、操作系统重要配置文件及控制引擎代码的完整性进行度量。

在可信启动过程中，从上电到完成系统启动的整个过程中，TPM 和 RTM 会对 Bootloader、操作系统内核等部分进行逐层的完整性度量。这些部分的完整性度量结果会被汇总为度量值比对报告，作为是否进行下一步运行的依据。如果认证过程中出现错误，则会发出认证失败的报告，系统就会进行复位重启操作。

6.2.1 可信启动硬件设计

可信 PLC 控制器采用 ARM 处理器、CPLD 及可信芯片的组合方式来实现可信启动功能。图 6-4 展示了该组合方式的功能框图。

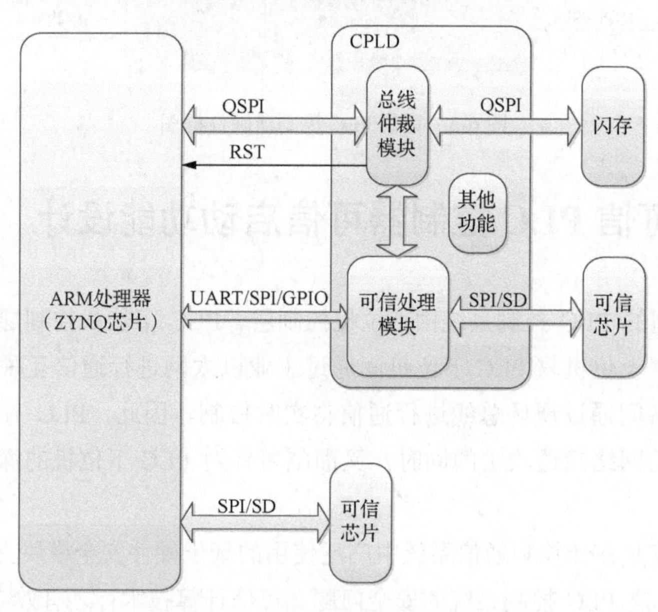

图 6-4　可信启动硬件功能框图

6.2.2　可信启动软件设计

可信 PLC 控制器采用国家商用密码 SM3 算法进行可信启动完整性校验。该过程首先使用 SM3 算法对待度量的信息进行计算，生成度量值，然后将该度量值与标准度量值进行比较，以完成可信启动的完整性校验。SM3 算法具备不可逆和计算结果唯一等特点，这些特性极大程度上保证了完整性校验的准确性和可靠性。

可信 PLC 控制器将 BOOT（引导）程序和 BOOT 一起打包并生成对应的 SM3 摘要值，并将该摘要值作为可信根。在可信 PLC 控制器上电后通过可信芯片对其进行完整性度量。如果度量通过，处理器才能够被正常上电启动。

可信 PLC 控制器利用操作系统和应用程序生成另一个 SM3 摘要值，在 BOOT 运行过程中，会计算 SM3 摘要值，并将其与预存储的 SM3 摘要值进行比较。如果完整性度量通过才会正常启动操作系统和应用程序。

根据可信启动的工作机制，每一步的执行都必须得到上一步的认证。如果认证过程中出现错误，则会发出认证失败的报告，系统就会停止运行。只有在每一步都验证通过的情况下，可信 PLC 控制器的软件才能够正常启动。

6.3　可信 PLC 控制器固件升级

6.3.1　可信 PLC 控制器固件升级设计约束

可信 PLC 控制器需要支持正常的固件升级功能，并确保该功能的安全性。由于可信根存储在外部闪存中，存在被远程更新篡改的风险。为了防范这种安全风险，采用数字证书签名校验的方式对来自远程的固件更新过程进行验证，以保证远程更新的可靠性和真实性。在远程固件更新过程中，采用 SM2 算法中数字签名部分的验证过程，通过对待更新固件进行 SM2 非对称签名验证的方式，以校验数字签名是否来自于合法的根 CA。可信控制器的数字证书仅用于身份验证，不作为加/解密证书使用，因此不需要考虑证书替换等问题，可直接烧录在 CPLD 中存储。可信控制器的数字证书由数字证书管控平台根 CA 服务器签发。

除了上述要求外，为保障固件升级功能的安全性，还有以下设计约束。

（1）可信 PLC 控制器不开放 FTP 服务，禁止用户通过 FTP 端口升级固件。

（2）可信 PLC 控制器不支持通过命令行从以太网升级固件。

（3）可信 PLC 控制器必须通过可信 PLC 工程师站内的升级工具进行升级。

（4）可信 PLC 工程师站的升级工具运行时，必须插入安全 U 盾，并进行身份验证。

（5）可信 PLC 工程师站的固件升级工具完成新固件的数字签名和内容传输，传输协议采用私有协议，并采用 SM4 算法对传输过程进行加密。

（6）可信 PLC 控制器只有在接收到新固件并验证数字签名通过后，才会更新固件。

6.3.2 可信 PLC 控制器固件升级设计

可信 PLC 控制器固件升级的详细流程参见图 6-5。

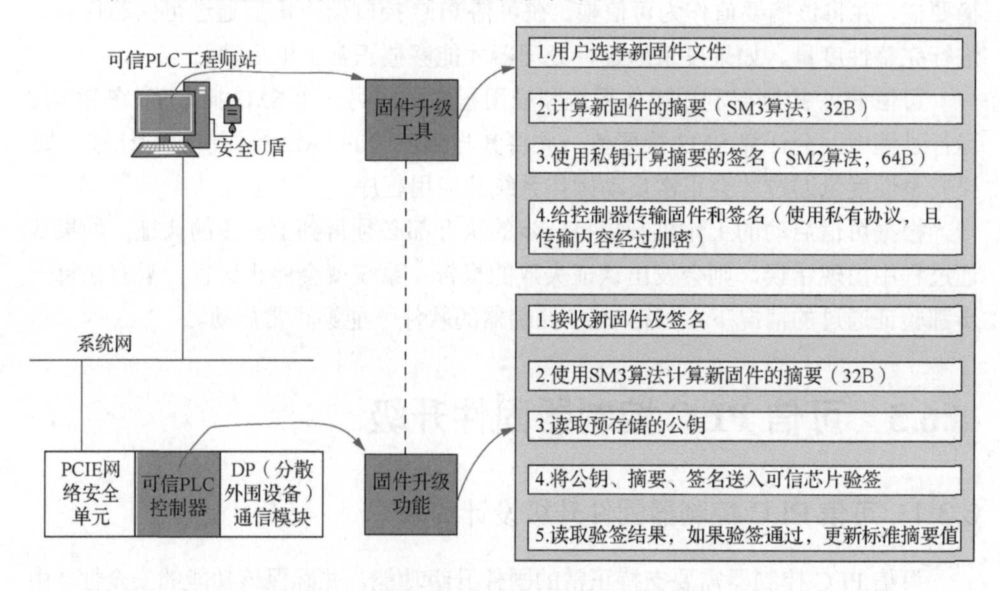

图 6-5 可信 PLC 控制器固件升级详细流程

6.4 可信 PLC 控制器沙盒技术

6.4.1 沙盒技术概述

随着网络技术的迅速发展和系统功能的日益复杂，系统需要一个可以信赖的计算环境来保证敏感信息的安全性、完整性和可靠性。系统不仅需要保证敏感应用程序自身代码的安全，而且要保证其执行过程的隔离性以确保程序执行的操作和结果不会被攻击和窃取[6]。

基于沙盒技术，构建可信 PLC 控制器中通用寄存器和存储器的运行环境，实现用户应用程序与可信 PLC 控制器系统程序的虚拟化隔离[7]。虚拟化技术是在操作系统之上建立 PLC 的处理器、存储、I/O、网络和操作系统等系统资源的虚拟模型。该技术可以在处理器核心资源与用户应用程序之间建立一个隔离层，屏蔽与具体操作系统和处理器平台相关的信息，阻止用户程序的非法行为，使得用户代码的行为得到完全的隔离。通过虚拟化技术，PLC 的运行环境可以被隔离在一个独立的虚拟容器中，从而实现更高的安全性和可靠性。

虚拟化模型是基于 IEC 61131-3 标准设计的，它采用硬件无关指令集来生成中间代码，并创建通用的 PLC 寄存器和存储器运行环境，从而使中间目标代码能在多种软硬件平台上不需要修改即可运行。这种设计简化了 PLC 编译器的设计。工业控制的应用程序在沙盒中运行，多个 IEC 程序可以并发运行，根据优先级进行调度，并提供每个任务的 IEC 执行时间度量。在可信 PLC 控制器中，沙盒技术主要有以下 4 个技术点。

（1）可信 PLC 控制器最多支持 8 个 IEC 任务。

（2）IEC 代码被编译为硬件无关的中间语言（字节码），CPU 不能直接执行。

（3）每个 IEC 任务由一个对应的解释器解释执行。

（4）每个 IEC 任务在执行时都有独立的解释器堆栈，任务互不影响。

可信 PLC 控制器轻量级沙盒技术框图如图 6-6 所示。

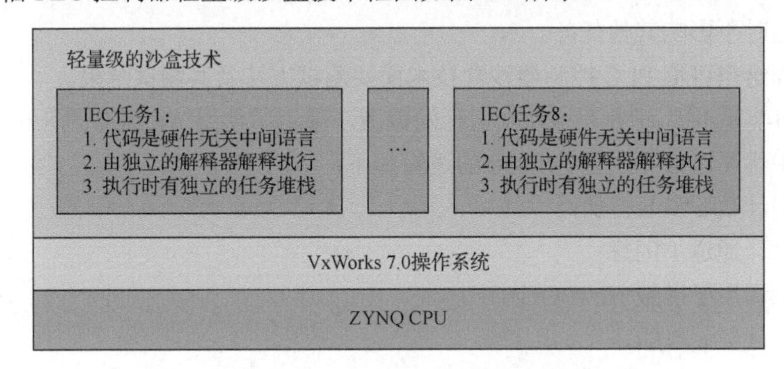

图 6-6　可信 PLC 控制器轻量级沙盒技术框图

沙盒是一种按照安全策略限制进程行为的执行环境[8]。沙盒的本质要求是使非可信代码只能在受限的环境下执行，即使执行出现问题也不能破坏系统的其他任务。可信 PLC 控制器的沙盒技术体现在以下方面。

（1）用户的 IEC 代码是字节码，不能直接运行，必须通过内置的解释器逐行解释执行。

（2）解释器能够执行的指令集是高度受限的。指令集本身就是硬件无关的，不能访问任何 CPU 硬件资源、操作系统 API 函数、嵌入可执行代码、加载可执行代码、操作文件、网络资源、创建动态对象或执行动态内存申请和分配。

（3）解释器内置安全策略。解释器解释执行每条字节码，从而可以增加指令的安全策略。例如，在除法运算前检查除零错误等。

（4）每个 IEC 任务对应一个解释器，解释器按照优先级调度。可信 PLC 控制器为每个用户组态的 IEC 任务创建一个真实的解释器任务，最多支持 8 个解释器任务。每个解释器任务的优先级参考该 IEC 任务的优先级，IEC 任务的优先级越高，解释器任务的优先级也越高。不同任务的解释器根据优先级调度。

（5）解释器不提供堆操作。可信 PLC 控制器的指令集不支持动态内存分配和对象创建，解释器不需要使用堆，也不需要进行动态内存回收，从而也不存在常见的堆溢出漏洞和内存泄漏问题。

（6）每个解释器拥有独立的栈。可信 PLC 控制器在系统上电时，静态初始化了 8 个独立的解释器栈，每个栈最大 16KB。每个解释器任务使用对应的静态栈存储本任务的关键数据，不同解释器任务的栈互相不可见，互不影响。

（7）解释器任务互不影响。每个 IEC 任务周期开始时，解释器从头开始执行 IEC 代码。解释器在解释执行每个 IEC 代码前都会检查剩余栈空间大小，如果剩余栈空间低于需要的空间，解释器结束后续代码执行，跳转到 IEC 代码开始处，等待下一个 IEC 任务周期开始。因此，解释器自动处理栈溢出错误，一个任务发生栈溢出时不影响其他任务。

下面给出可信 PLC 控制器沙盒技术简要测试方法及其测试结果。

图 6-7 是 IEC 任务互相独立运行的截图，展示了使用 AT 组态的 8 个 IEC 任务，其中优先级最高的任务 tt250 的逻辑如下：

（1）计数 a 和 b 自加；

（2）让通道 1 闪烁；

（3）调用子函数 NewPOU1();

（4）计数 c 自加。

在程序中，每个函数从 NewPOU1()到 NewPOU30()都使用大小为 556B 的栈。NewPOU1()函数调用 NewPOU2()和 NewPOU3()函数，而 NewPOU3()函数又调用 NewPOU4()函数，以此类推。

tt250 任务以 250ms 的周期循环运行。在每个周期开始时，程序正确执行了 a 和 b 的自加操作，然后让通道 1 闪烁，并调用 NewPOU1()函数。根据之前的描述，为了成功执行 NewPOU1()函数，需要分配大小为 556×30=16680B 的栈空间，这大于 16KB。因此，由于 NewPOU 系列函数调用导致 tt250 任务的栈空间不足，解释器运行时检测到剩余栈空间不足并自动终止了 tt250 任务的运行。因此，c 自加的指令没有执行，c 一直为 0。

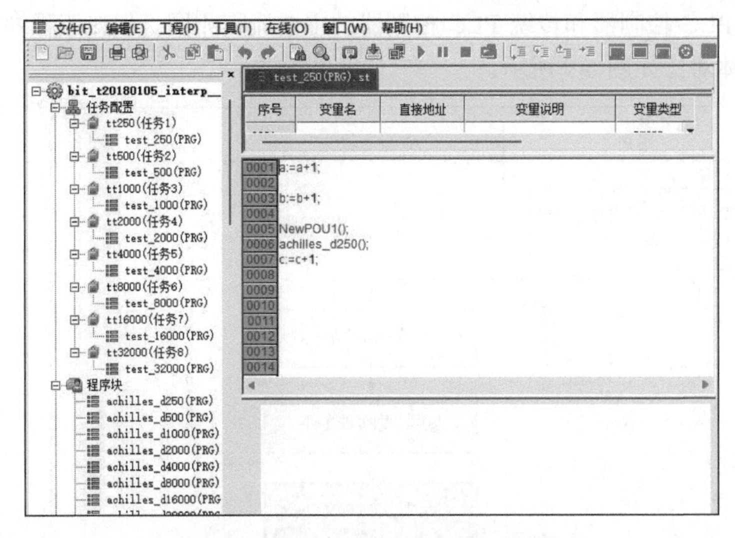

图 6-7　IEC 任务互相独立运行截图

该截图显示每个 IEC 任务都有自己独立的执行堆栈。当某个任务的执行堆栈可能发生溢出时，该任务会被终止运行，并在下一个周期重新开始运行，且该任务不会影响其他任务。这意味着每个任务都在一个独立的沙盒中执行，任务之间互相隔离、互不干扰。

6.4.2　解释执行与二进制执行的对比

在大部分传统 PLC 控制系统中，IEC 逻辑被翻译为二进制，而 CPU 直接执行这些二进制代码。而在可信 PLC 控制器中，IEC 逻辑被翻译为字节码，并且 CPU 会逐条解释执行这些字节码。图 6-8 展示了这两种方法之间的比较。

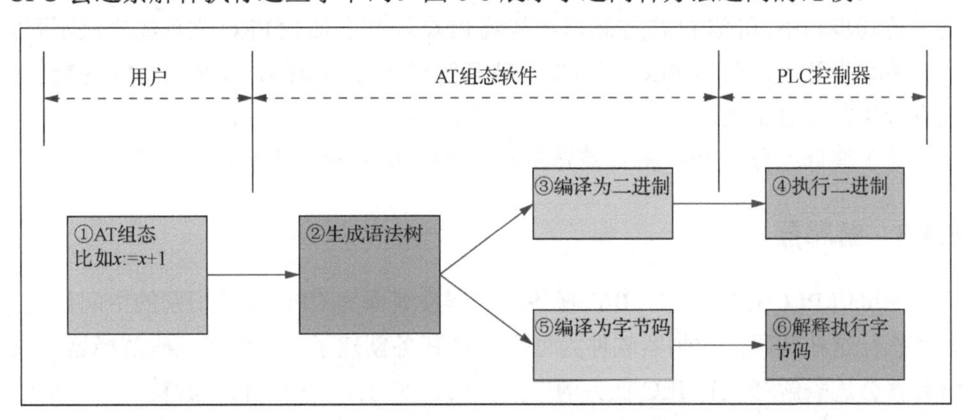

图 6-8　解释执行与二进制执行的差异

可信 PLC 控制器和传统 PLC 控制器的主要流程相同，但在流程细节上有所不同，具体对比如图 6-9 所示。

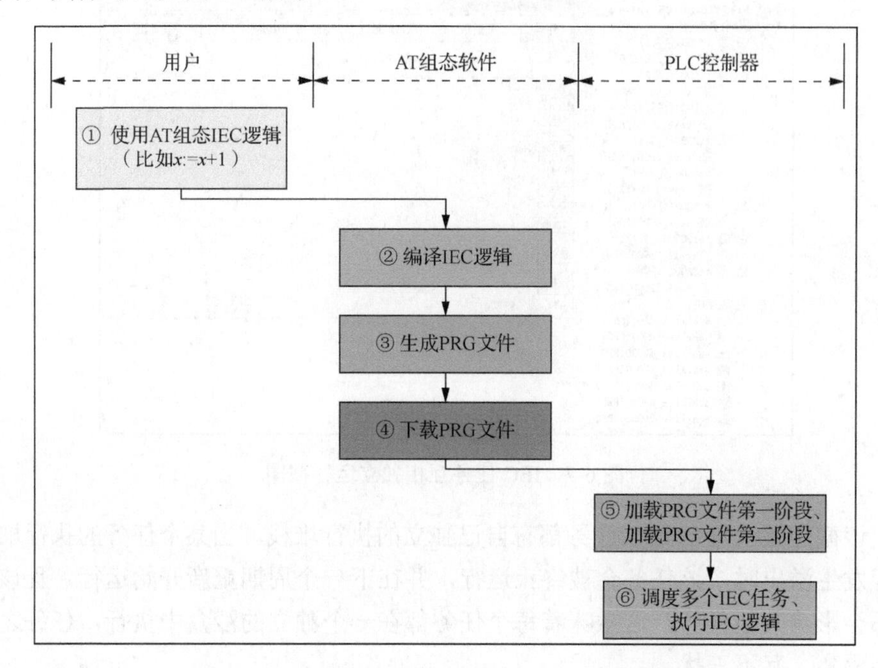

图 6-9 可信 PLC 控制器与传统 PLC 控制器的主要流程

对于第①、④步骤，可信 PLC 控制器和传统 PLC 控制器是完全一样的。

第②步骤中，可信 PLC 控制器需要将 IEC 逻辑编译为字节码，而传统 PLC 控制器需要编译为二进制。

第③步骤中，可信 PLC 控制器和传统 PLC 控制器生成的 PRG 文件格式不同。

第⑤步骤中，可信 PLC 控制器和传统 PLC 控制器加载 PRG 文件的方法不同。

第⑥步骤中，可信 PLC 控制器会逐条解释执行字节码，而传统 PLC 控制器则直接执行二进制代码。

关于编译差异、PRG 格式差异和加载 PRG 的差异，本节不再赘述。

6.4.3 解释器

在可信 PLC 控制器中，IEC 任务的代码被编译为 CPU 不能识别的中间代码。为了执行这些代码，控制器软件为每个 IEC 任务创建了一个中间代码解释器。该解释器会逐条解释执行 IEC 任务的中间代码。实际上，中间代码解释器是一个巨大的 switch-case 结构，它根据不同的字节码指令执行不同的操作，并调整字节码指针。下面是该部分代码：

```
for(pc=0; pc<code_size;)
{
   switch(code[pc])
{
case 指令1:
         执行指令1对应的操作;
         调整pc;
         break;
case 指令2:
         执行指令2对应的操作;
         调整pc;
         break;
......
}
}
```

组态函数 test_time 可以测试可信 PLC 控制器解释器的指令周期，其中包含5000个“test_time := in1;”指令。组态 test_time_prg 调用计时函数 sysGetRunTime1()，并运行 test_time 任务200次，实现测试指令周期的功能。图6-10是测试结果的运行截图。

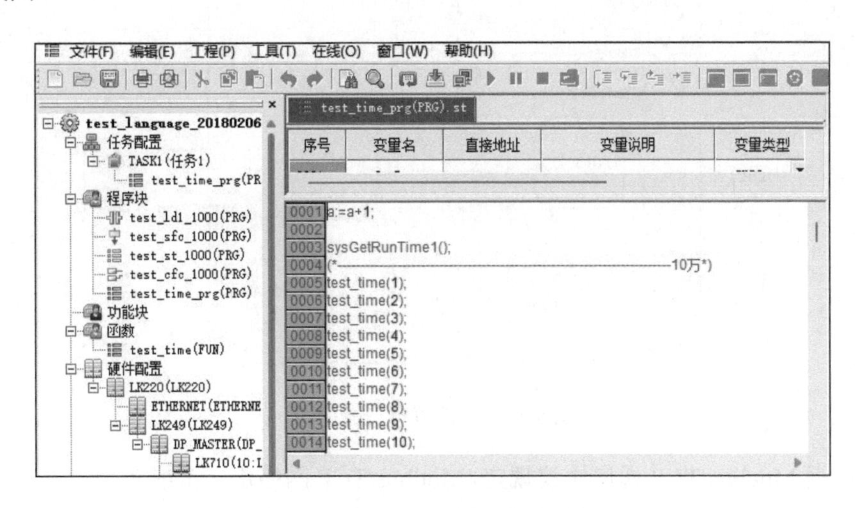

图6-10　可信PLC控制器解释器性能测试

测试中 test_time_prg 调用了200次 test_time 任务，而每个 test_time 任务中执行了5000次“test_time := in1;”指令。因此，在每个IEC周期中，总共调用了5000×200=100万次指令。通过调用 sysGetRunTime1()函数，可以得到最大的IEC

执行时间为 15378μs，即 15378000ns。因此，每条指令的执行时间为：15378×1000ns/10^6=15.3ns=0.015μs，小于 0.025μs。

■ 6.5 可信 PLC 控制器工业协议

6.5.1 可信 PLC 控制器工业协议概述

可信 PLC 控制器支持五种工业通信协议（Modbus/TCP、OPC UA、PROFINET、IEC 60870-5-104、DNP 3.0）的深度解析和通信功能[9-12]。其最终目的是实现数据交互。对于传输数据的应用层解析，可信 PLC 控制器能够根据具体的工业通信协议内容获取应用层关键字段信息，从而实现细颗粒度的访问控制能力。

协议解析功能模块被实现在可信 PLC 控制器内部，采用嵌入式处理器（即 ZYNQ 芯片 PS 侧的 ARM 核）+FPGA（即 ZYNQ 芯片 PL 侧）的设计方式。这个模块在 PL 侧构建以太网的 MAC，并且 Modbus/TCP、OPC UA、PROFINET、IEC 60870-5-104、DNP 3.0 协议主站/从站或者客户/服务器协议栈均运行在 PS 侧的 ARM 核上。协议解析功能框图如图 6-11 所示。

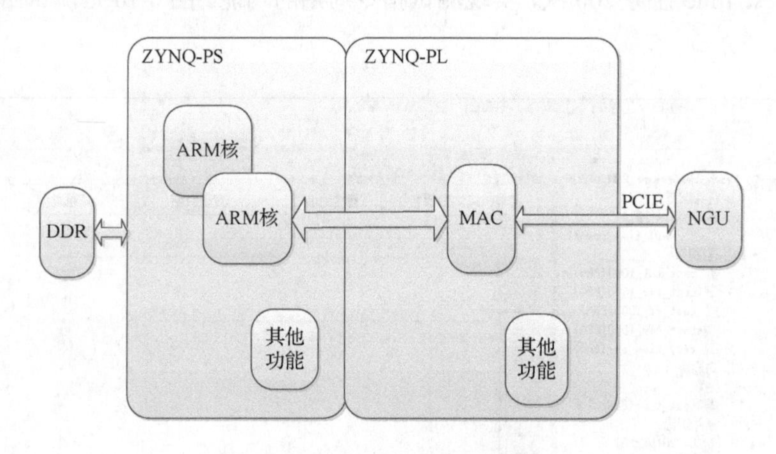

图 6-11 协议解析功能框图

根据 Modbus/TCP 通信协议规定，Modbus/TCP 网络由一个或多个主站和若干个从站组成，它们各自承担不同的职能。在本节设计中，只实现了 Modbus/TCP 从站协议的解析和通信功能。Modbus 从站功能主要包括提供用户接口、实现 Modbus 从站的功能、通过 TCP/IP 网络响应 Modbus 主站的数据请求。

根据 OPC UA 协议规定，OPC UA 网络由一个或多个客户端和若干个服务器组成，它们各自承担不同的职能。在本节设计中，仅实现了 OPC UA 服务器协议的解析和通信功能。OPC UA 服务器功能主要涵盖解析 OPC UA 协议、实现 OPC UA 服务器的功能、与客户端进行通信。

PROFINET 协议通信采用主/从通信机制，包括非同步 RT 通信和同步 IRT 通信。在本节设计中，仅实现了支持非同步 RT 通信的 PROFINET 主站。

IEC 60870-5-104 和 DNP 3.0 协议采用主/从通信机制。在本节设计中，实现了基于 TCP 传输的 IEC 60870-5-104 协议从站和基于 TCP 传输的 DNP 3.0 协议主站。

以上五种工业以太网协议在本节设计中均基于 TCP 传输。

6.5.2 可信 PLC 控制器 Modbus/TCP 通信协议

可信 PLC 控制器实现了简化的 Modbus/TCP 通信协议，支持的功能码包括 1、2、3、4、5、6、15 和 16。

可信 PLC 控制器仅实现了 Modbus 从站协议的解析和通信功能。Modbus 从站功能主要包括提供用户接口，通过 TCP/IP 网络响应 Modbus 主站的数据请求。

可信 PLC 控制器的 Modbus/TCP 从站始终监听来自 TCP/IP 网络的消息。当它发现一个有效的数据后，会按照 Modbus/TCP 通信协议对 Modbus 帧进行解析，以了解主站发送的命令。然后，根据功能码的要求，执行读/写操作。根据命令执行结果，生成回应数据包并将其发送给主站，从而完成一次交互过程。

6.5.3 可信 PLC 控制器 OPC UA 服务器协议

OPC UA 是一种具备优越通信与安全性能的协议。它采用单端口通信，并提供两种灵活选择的数据传输机制。其中，一种是采用 Web 服务，如 SOAP 和 HTTP 传输协议，以穿越防火墙；另一种是使用基于二进制的 TCP 通信，以降低资源开销从而提高性能。这种设计解决了经典 OPC 多端口通信难以穿越防火墙的问题，同时也避免了 OPC XML-DA 协议只使用 XML 格式的高消耗低性能的问题。此外，OPC UA 引入了多层安全模型，使得通信更加安全可靠。

OPC UA 提供了 10 类服务集，在本节设计中，实现了发现服务集、节点管理服务集、属性服务集、方法服务集、监视服务集和订阅服务集的功能。

可信 PLC 控制器支持 OPC UA 服务器协议的软件架构如图 6-12 所示。

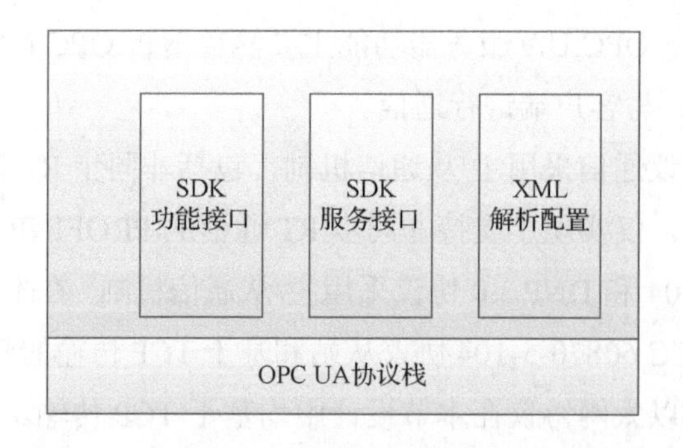

图 6-12　OPC UA 软件架构

图 6-12 中，OPC UA 协议栈是由第三方厂家提供的。SDK 功能接口封装了部分 OPC UA 协议栈的功能。SDK 服务接口提供了 DA、Method（方法）等功能的访问接口。XML 解析配置模块则负责解析 XML 文件，完成其中的变量初始化和配置等功能。

地址空间是 OPC UA 服务器组织数据的一套方法，同时定义了一些基本的计算机函数 ObjectType 和 DataType，也决定了客户端访问时所有可读写的数据。地址空间的复杂程度直接影响控制器的内存开销。

本节采用 XML 文件导入的方式，将服务器的对象信息通过 XML 文件传输给协议栈，协议栈对这个文件进行解析，并建立相应的地址空间。这样，客户端就可以通过 OPC UA 去读写服务器地址空间内的对象值。

6.5.4　可信 PLC 控制器 PROFINET 协议

可信 PLC 控制器仅支持 PROFINET 主站协议。PROFINET RT 协议是软实时通信协议，可以满足工业自动化控制的应用需求。在 PROFINET RT 主站样机开发中，采用了西门子提供的 PN Driver PROFINET 控制器解决方案。PN Driver 基于 X86 硬件结构，提供了 Windows 版本和 Linux 版本，采用 C、C++编程语言，实现了 PROFINET 主站功能。

经过移植 PN Driver 到 ZYNQ 处理器和 VxWorks 7.0 操作系统上，可信 PLC 控制器成功实现了以下功能：

（1）可配置 128 个从站进行通信；

（2）下装 XML 文件解析，配置从站；

（3）周期数据通信；

（4）报警；

（5）非周期数据通信；

（6）快速启动。

可信 PLC 控制器不支持 MRP 媒体冗余。

使用西门子博图（TIA Portal V13 SP1）软件完成组态，生成组态配置文件（Station_1.PN Driver_1.PNDriverConfiguration.xml）。协议栈读取和解析该配置文件，获取配置信息，并根据组态信息配置从站。随后，与从站建立通信，实现周期数据交换、报警以及其他非周期数据交互。

可信 PLC 控制器 PROFINET 主站工作流程如下：

（1）系统上电，启动网卡驱动；

（2）启动 PN 协议栈；

（3）解析由博图生成的 XML 格式的配置信息；

（4）配置从站；

（5）IO 交互。

6.5.5　可信 PLC 控制器 IEC 60870-5-104 协议

IEC 60870-5-104 协议是一个广泛应用于电力、城市轨道交通等行业的国际标准，多采用基于以太网的平衡模式。该协议对报文格式、链路传输规则、应用数据结构、信息定义和编码方式、基本应用功能等都做了规范化约定。IEC 60870-5-104 协议是在《远程控制设备和系统 第 5-101 部分：传输协议 基本远程控制任务的配套标准》（IEC 60870-5-101，2003）的基础上发展而来的，两者有部分相似之处。

可信 PLC 控制器仅实现 IEC 60870-5-104 从站协议解析及通信功能，支持 IEC 101-1997 和 IEC 101-2002 两种通信协议。该控制器实现了 IEC 60870-5-104 协议中的“遥信”“遥测”“电能”三项功能。

作为 IEC 60870-5-104 协议从站，可信 PLC 控制器始终监听来自 TCP/IP 网络的消息。当控制器接收到有效数据时，它会按照 IEC 60870-5-104 协议解析数据帧，从而得知主站发送的命令。可信 PLC 控制器会执行读/写操作以响应功能码的要求。执行完命令后，可信 PLC 控制器会生成回应数据包发送给主站，完成一次交互过程。

6.5.6　可信 PLC 控制器 DNP 3.0 协议

分布式网络协议（DNP）是基于国际电工委员会（IEC）的 TC57 协议制定的

通信协议，支持 ISO 的 OSI/EPA，并已经发展至 DNP 3.0。DNP 3.0 协议是一种双向通信协议，它能够在主站与从站设备之间通过多种通信媒介建立连接。该协议可靠、高效，特别适合用于网络带宽有限和处理能力较弱的环境。该协议模型分为三层结构：物理层、数据链路层和应用层。然而，为了支持高级的 RTU 功能和大于最大帧长的报文，DNP 3.0 协议采用一个伪传输层来完成最短报文的组装和分解。

本节设计的 DNP 3.0 协议分为四个部分，包括数据链路层规约、传输功能、应用层规约和数据对象库。

可信 PLC 控制器内实现了 DNP 主站协议栈和以太网通信，支持遥测、遥信、电能等多种功能码，并采用二级地址形式的地址方案。第一级地址为功能码，包括 YC、YX 和 DN（支持小写），分别对应遥测、遥信和电能。第二级地址为标签序号，最小值为 0。

6.6 可信 PLC 工程师站编程语言

程序的执行方法包括 CPU 直接执行二进制指令和解释执行中间指令。直接执行二进制指令的优点是控制器可以直接运行，执行速度快；缺点是如果嵌入恶意代码，控制器难以识别。解释执行中间指令的优点是控制器逐条解释执行每个语句，代码无法直接运行，恶意代码无处藏身，安全性得到提高；缺点是代码不能直接运行，执行速度较慢。

传统 PLC 控制器直接执行二进制指令。与之相对应的 AT 软件支持 LD、FBD、SFC 和 ST 四种编程语言，这四种编程语言被编译为二进制指令，并下载到控制器中。

可信 PLC 控制器将信息安全作为首要考虑目标，支持沙盒技术，核心是解释执行中间指令（字节码指令）。相应地，AT 软件支持 LD、FBD、SFC 和 ST 四种编程语言，这四种编程语言必须被编译为字节码指令。

AT 软件采用模块化设计方法，主要功能模块划分如图 6-13 所示。

“IEC 部分”支持 IEC 61131-3 标准要求的 LD、FBD、SFC 和 ST 编程语言，如图 6-13 所示。用户使用 LD、FBD、SFC 和 ST 编程语言编写的 IEC 逻辑，“编译部分”负责编译。对于可信 PLC 工程师站，要支持 LD、FBD、SFC 和 ST 编程语言，无须修改“IEC 部分”，只需要修改“编译部分”。

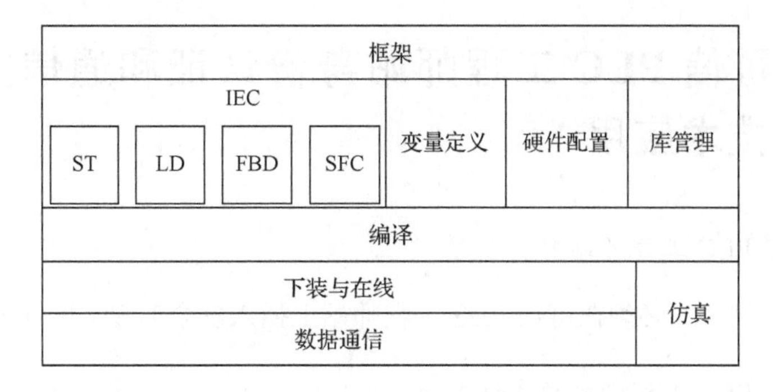

图 6-13　AT 软件主要功能模块划分图

AT 软件的“编译部分”已支持 X86、PowerPC、ARM（包括 ZYNQ）等系列 CPU 指令。要实现字节码指令编译，只需要增加一个特定的字节码指令集系列，并向字节码指令集的“编译部分”添加语法树即可。

可信 PLC 工程师站界面如图 6-14 所示，支持 LD、FBD、SFC 和 ST 四种编程语言，并将这四种语言编译为字节码指令。

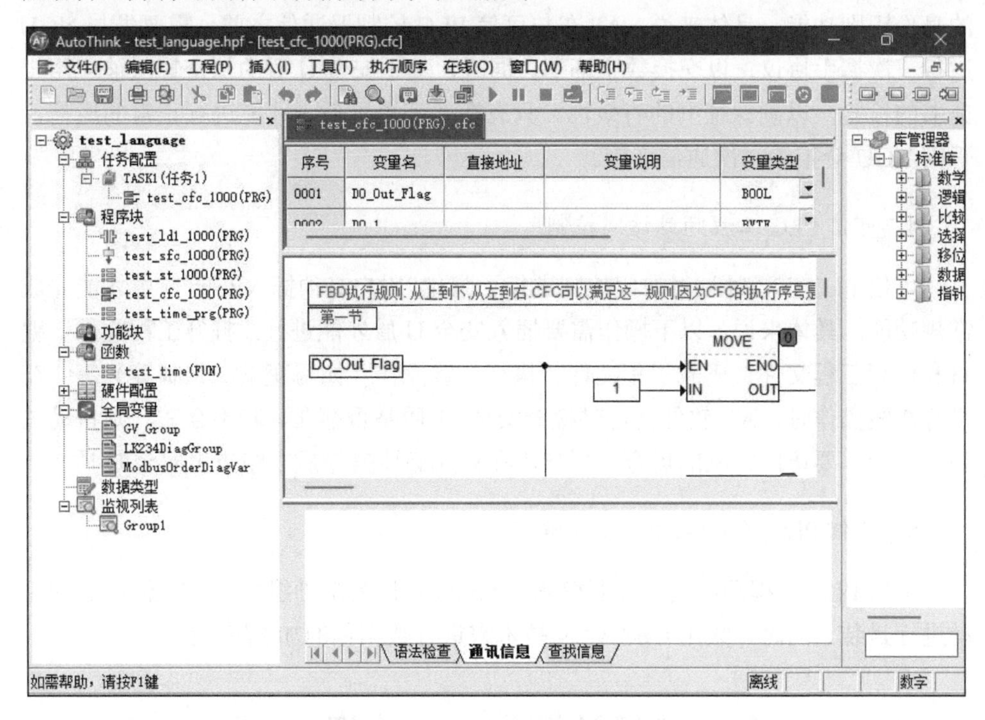

图 6-14　可信 PLC 工程师站界面

6.7 可信 PLC 工程师站身份认证和通信加/解密技术应用

1. 可信 PLC 工程师站安全 U 盾

为确保可信性，必须在可信 PLC 工程师站上插入安全 U 盾，并验证其合法性。

2. 可信 PLC 工程师站数字证书

该系统中的可信 PLC 控制器通过 RA 服务器生成数字证书。同时，双网口网络防护单元和 PCIE 网络防护单元各自存储由证书管理系统生成的数字证书。此外，可信 PLC 工程师站使用安全 U 盾作为身份识别，该 U 盾内置数字证书。

3. 可信 PLC 工程师站身份识别

在 AT 与 NGU 网关通信过程中，可信 PLC 工程师站采用基于数字证书技术的身份识别功能。具体来说，AT 在与可信 PLC 控制器通信之前，需要先与 NGU 进行三次握手协议，以交换数字证书。同时，基于安全 U 盾的加密算法被应用于证书的检验，以确保证书的有效性。只有在验证通过后，才能进行正常的通信，否则 NGU 会拒绝本次通信连接。

4. 可信 PLC 工程师站访问控制

可信 PLC 工程师站对访问控制进行了强化，用户必须插入安全 U 盾才能完成常规功能。具体来说，以下操作需要插入安全 U 盾才能进行：打开工程文件、编辑和保存工程文件、下载工程文件、执行在线操作（如写变量、强制等）等。在进行在线操作时，AT 软件会定时检查安全 U 盾是否存在，若不存在，则自动关闭。对于需要访问控制的场合，用户应在完成必要操作后立即拔出安全 U 盾。

5. 可信 PLC 工程师站通信加/解密

可信 PLC 工程师站使用开源密码库 GmSSL 作为基础组件，对安全 U 盾的驱动进行封装。同时，采用 OpenVPN 技术来进行数据包的加/解密处理。

6.8 Achilles 二级认证和 CE 认证

加拿大 Wurldtech 公司的 Achilles 国际认证是一项被广泛认可和推荐的行业网

络安全国际标准，得到了用户、行业组织和供应商的广泛认可。该认证提供主动式先期预防的技术解决方案，以提升网络可靠性和安全性。通过该认证的产品，能够验证工业自动化部件及网络受到网络攻击时的耐受力。已通过该认证的产品，被证明已经达到通信可靠性的最高标准要求，并具备有效防范上万种“零日漏洞”及其他未公开漏洞或隐患的防御能力。在工业控制设备领域，该认证享有较高的权威性。

Achilles 二级测试包括 55 类测试子集和 153 项测试用例。测试重点是对以太网、IP、ARP、ICMP、TCP 和 UDP 六种协议进行通信健壮性测试。

在可信 PLC 控制器研制过程中，进行了多轮 Achilles 模拟测试。通过逐个分析和修改测试中暴露的问题，该产品的通信健壮性得到了很大提高。最终，可信 PLC 控制器通过了 Achilles 二级认证。

可信 PLC 控制器是在传统 PLC 控制器 LK220 的基础上进行改进的，并通过了 CE 认证。CE 标志是一种安全认证标志，被视为制造商打开并进入欧洲市场的护照。CE 是欧洲统一（Conformite Europeenne）的缩写。

6.9　本章小结

本章主要介绍了可信 PLC 工程师站和可信 PLC 控制器的研制。可信 PLC 工程师站研制从编程语言、身份认证及通信加/解密方面展开阐述。可信 PLC 控制器通过内置硬件可信芯片，增加了可信启动功能。该可信 PLC 控制器可通过以太网连接到第三方系统，作为从站/服务器，支持五种通信协议。此外，它还改进了通信健壮性，并通过 Achilles 二级认证，支持经过数字签名的固件升级功能。

参 考 文 献

[1] 尚文利, 张修乐, 刘贤达, 等. 工控网络局域可信计算环境构建方法与验证[J]. 信息网络安全, 2019(4): 1-10.

[2] 朱毅明. 可编程控制器原生的信息安全设计[J]. 信息技术与网络安全, 2018, 37(3): 8-10, 19.

[3] 邵诚, 钟梁高. 一种基于可信计算的工业控制系统信息安全解决方案[J]. 信息与控制, 2015, 44(5): 628-633, 640.

[4] 沈昌祥, 张焕国, 王怀民, 等. 可信计算的研究与发展[J]. 中国科学: 信息科学, 2010, 40(2): 139-166.

[5] Trusted Computing Group. TPM main: Part 1 design principles, specification version 1.2[EB/OL]. (2011-03-01) [2023-07-14]. https://trustedcomputinggroup.org/wp-content/uploads/TPM-Main-Part-1-Design-Principles_v1.2_rev116_01032011.pdf.

[6] 郑显义, 史岗, 孟丹. 系统安全隔离技术研究综述[J]. 计算机学报, 2017, 40(5): 1057-1079.

[7] 尚文利, 尹隆, 刘贤达, 等. 工业控制系统安全可信环境构建技术及应用[J]. 信息网络安全, 2019(6): 1-10.

[8] 温研, 王怀民. 基于本地虚拟化技术的隔离执行模型研究[J]. 计算机学报, 2008(10): 1768-1779.

[9] 王振力, 刘博. 工业控制网络[M]. 北京：人民邮电出版社, 2012.

[10] 张帆. 工业控制网络技术[M]. 2 版. 北京：机械工业出版社, 2019.

[11] 王首顶. IEC 60870-5 系列协议应用指南[M]. 北京：中国电力出版社, 2008.

[12] Knapp E D, Langill J T. Industrial Network Security: Securing Critical Infrastructure Network for Smart Grid, SCADA, and Other Industrial Control Systems[M]. Amsterdam: Syngress Publishing, 2011.

第7章

边缘智能控制器的信息安全防护技术

7.1 边缘智能控制器概述

随着万物互联的不断深入，网络边缘侧产生的数据呈现出急剧增长的趋势。如何有效传输、存储、管理并分析挖掘这些海量数据中的有价值信息，已经成为企业界和学术界面临的极具挑战性的问题。而传统以云计算为核心的解决方案显现出明显的不足之处。传统云计算模式存在实时性不足、带宽需求高、能耗需求大及数据传输和存储过程中安全和隐私保护等问题。而边缘计算作为云计算的一项重要补充，在构建互联工厂中发挥着不可替代的作用。边缘计算实现了数据在网络边缘侧的分析、处理与储存，不仅减少了对云端的依赖，也提高了数据的安全性。但是边缘计算对数据的本地处理能力提出了很高的要求，然而传统 PLC 的计算和存储资源有限，它们仅能执行简单、轻量级的控制任务，无法满足智能工厂在智能感知、自主决策和网络协同功能方面的紧迫需求。因此，将边缘计算和人工智能与控制器相融合，使其具备执行复杂智能算法（包括深度学习）的能力，已经成为现代控制器发展的新趋势。通过这种融合，控制器可以实现靠近现场端的实时感知、实时控制及数据智能分析处理。这样的演进使得控制器能够应对更复杂的任务要求，并提供更高水平的智能化控制功能。

边缘智能可编程工业控制器，简称边缘智能控制器（EIC），是工业自动化领域中较新的发展成果，也是 IT 与 OT 之间的物理接口。IT 与 OT 结合是实现工业自动化的重要技术，因此边缘智能控制器发挥了非常重要的作用。边缘智能控制器内置 PLC 或可编程自动化控制器（PAC），并具备高级编程、通信、可视化等功能，可以在保证控制能力的同时，提升工业设备的接口能力与计算能力。此外，还可以利用最新的 IT 通信和物联网方面的技术，同时保留 PLC/PAC 在 OT 方面的优势。在工业物联网中，EIC 能够满足工业设备的控制、视觉检测等需求，利用其高响应速度的优点，当工作状况发生变化时，能够及时对参数做出调整，在工业自动化领域中扮演着重要的角色。它的作用主要体现在以下几个方面。

（1）实现控制功能。边缘智能控制器通过处理数据和执行逻辑，实现对生产过程和生产设备的控制。

（2）提供计算能力。利用边缘计算的概念，边缘智能控制器能够在就近的位置提供计算服务。它具备较高的计算能力，可以处理大量的数据和复杂的算法，为工业设备提供实时的决策支持和智能化的功能。

（3）提升接口能力。边缘智能控制器内置 PLC 或 PAC，同时还具备高级编程、通信和可视化等功能。它能够与各种工业设备和系统进行连接和通信，提升设备的接口能力，实现设备之间的互联互通。

（4）支持工业物联网。边缘智能控制器是工业物联网的关键组成部分。它能够与其他设备、传感器和系统进行互联，实现设备之间的数据交换和协同工作。通过边缘智能控制器，工业设备可以实现远程监控、数据采集和分析，以及与云平台的连接。

（5）融合多种技术。边缘智能控制器将多种技术融合在一体，可以根据具体应用需求进行灵活地配置和定制。它适用于各种工业应用场景，包括生产线控制、物流管理、能源监测等领域，为工业自动化提供全方位的解决方案。

边缘智能控制器具有接近数据源、分布式处理、多技术整合、实时决策和响应、网络连接和通信能力、可靠性、安全性及灵活可扩展等特点，并提供众多的集成 I/O。某些边缘智能控制器可以选择流程图或满足 IEC 61131-3 标准的编程语言进行编程。与传统 PLC/PAC 不同，边缘智能控制器内置了安全模块，部分控制器可提供一对分段、不可路由的以太网端口：一个用于 OT 网络等受信网络的端口，而另一个则用于连接因特网等不受信任网络的端口连接。安全的账户可直接在控制器级别进行处理，数据通信经过加密，并包含内置 VPN。所有这些措施都有助于使控制系统具有可移动性，以及获得更好的网络安全性。

边缘智能控制器在提高现有自动化系统效率的同时，也降低了系统的复杂性和成本，可以处理更多的自动化任务，实现包括需要 PC 或其他专用设备实现的传统功能。边缘智能控制器可以将 PLC、PC、网关、运动控制、I/O 数据采集、现场总线协议、机器视觉、设备联网等多领域功能集成于一体，同时实现设备运动控制、数据采集、运算、与云端相连，以及在边缘侧协同远程工业云平台实现智能产线控制等。一种典型的基于边缘计算的智能控制系统如图 7-1 所示。显然，边缘智能控制器已成为边缘计算中的核心组件，其安全和可信运行对边缘计算的推广和发展有着重要的意义和影响。

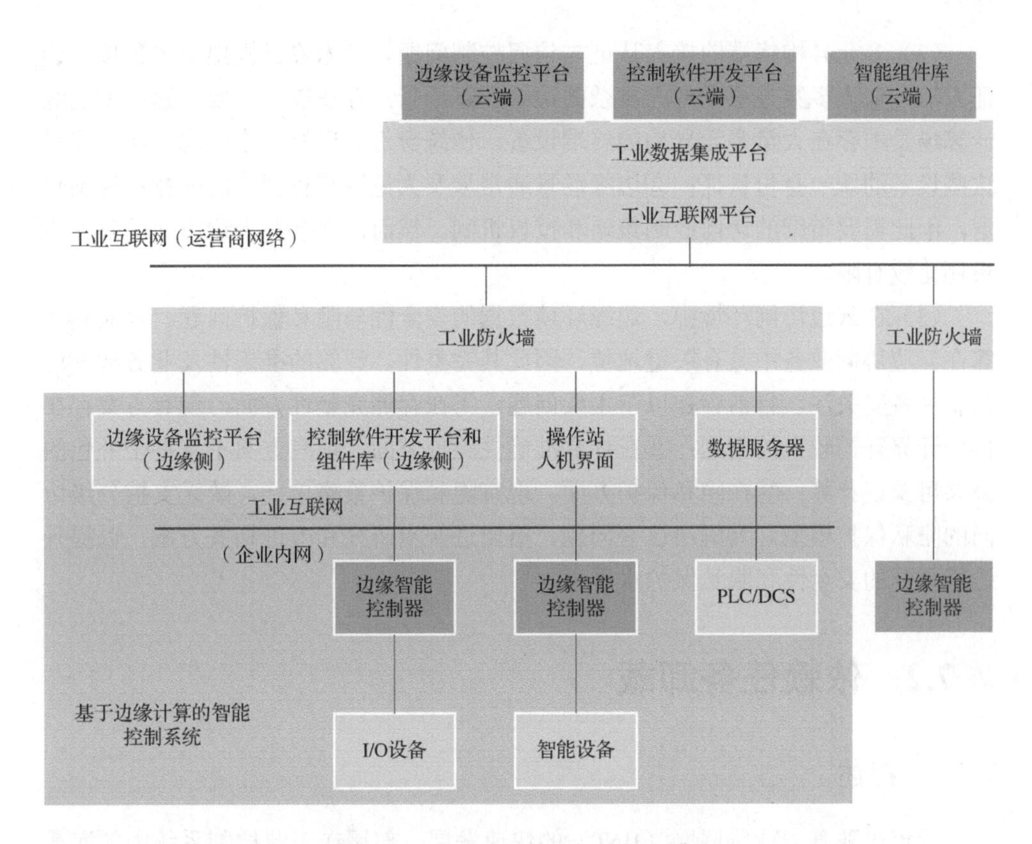

图 7-1　基于边缘计算的智能控制系统

作为具有板载可视化和安全连接的多合一解决方案，边缘智能控制器是成本效益较高的控制器，其软件架构大部分都是采用云端和边缘两层架构，配置于边缘端的软件平台上，通过集成用户管理、网络、安全性和硬件接口，创建一个应用程序和工具的生态系统。

尽管边缘智能控制器在工业自动化和物联网领域有许多优势，但也存在一些问题和挑战。

（1）存在一些限制性的计算资源调度问题。当前，国内外对于边缘智能控制器的计算资源调度问题进行了深入研究，但现有方法并不完全适用于工业控制场景。主要问题包括以下几点：①目前提出的计算资源调度方法主要关注任务协同方面，而较少考虑如何降低延迟并提高用户服务质量的问题；②现有的计算卸载方法存在固定的任务卸载类型和频次等问题，可能导致边缘智能控制器隐私泄漏的风险。因此，需要进一步改进现有的方法，以解决这些问题并提高边缘智能控制器的性能和安全性。

（2）多元异构终端的接入认证与访问控制问题。学术界已提出了多种接入认证方法，但大多数方法未考虑复杂的边缘计算场景，存在以下主要问题：①边缘计算场景中存在大量多元异构的终端设备，传统身份认证机制未考虑如何实现对这些设备的统一身份认证；②边缘场景通常涉及大量敏感程度不同的业务控制数据，因此需要精细的访问控制策略和授权机制。然而，当前对于这方面的研究成果还比较有限。

（3）在云边协同环境中，边缘环境数据的安全性与隐私保护问题。存储和计算在云边协同业务中具有关键地位，因此其完整性、计算的准确性及业务数据的隐私性备受关注。目前存在以下主要问题：①在存储完整性方面，现有方案存在协同计算开销较大的问题；②在计算准确性验证方面，现有方案不支持全外包的公共可验证计算；③在隐私保护方面，现有隐私保护策略单一，缺乏支持分级访问的隐私保护模型。为解决这些问题，需要进一步研究和改进相关方案，以提升边缘数据的安全性和隐私保护水平。

■ 7.2 依赖任务卸载

7.2.1 概述

近年来随着工业物联网（IIoT）的快速发展，部署在工业控制系统中的海量IIoT 设备通过互联来实现智能制造过程（例如机器视觉质检、远程设备智能维护和智能巡检等）[1]。上述过程产生更多的数据引发更大的计算和通信开销。大量的IIoT数据将被传输到EIC进行处理，然而EIC的计算能力和存储空间相对较小，以至于不能为工业应用提供低时延、高可靠的计算服务。工业边缘计算作为边缘计算的一种特殊应用场景，为满足上述要求提供了一种很有前途的解决方案[2]。IIoT 中的 EIC 被广泛用于监测和控制智能制造过程，因此它的实时可靠运行对基于边缘计算的工业控制系统（简称边缘控制系统）具有重要意义。利用工业边缘计算技术，可以将 EIC 上的计算密集型任务卸载到边缘计算服务器运行，实现低成本计算，降低工业应用的响应时间，扩展 EIC 本地计算资源，为智能制造提供高质量的计算服务，提高工业生产效率[3]。

现有的大多数研究认为要卸载调度的应用任务的计算密度是同质的，可以完全卸载或按百分比卸载[4-7]。在实际的工业场景中，IIoT 应用程序由几个内部相关的任务组成，其中一些任务的输出是其他任务的输入，每个子任务在逻辑上都是最小的执行单元。由于依赖应用程序是由几个固定任务组成的，不能任意拆分，因此将复杂的依赖应用程序系统简化为多个线性顺序执行任务，如图 7-2 所示。

调度任务时如果不考虑工业应用任务内在固有的依赖关系将会严重降低服务质量并浪费边缘计算资源[8]。

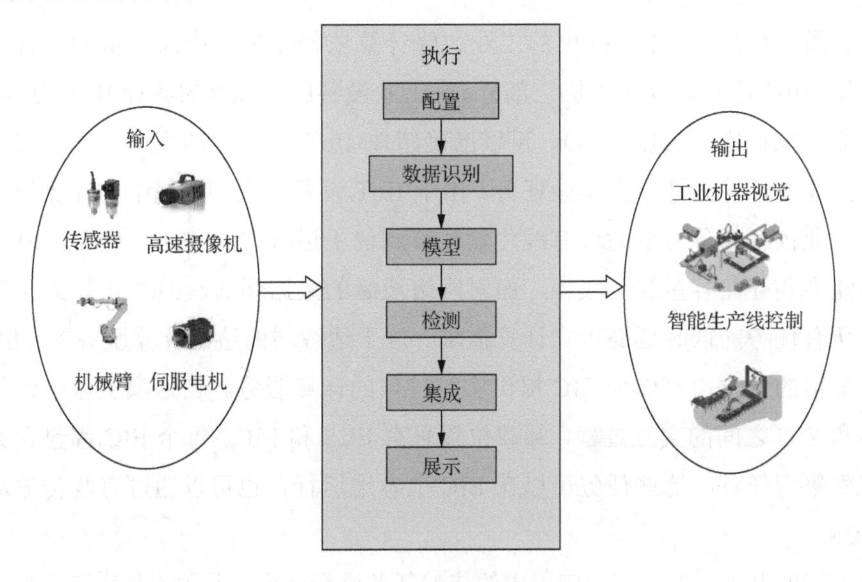

图 7-2　工业依赖任务示例

EIC 上的工业应用通常由多个具有依赖关系的任务构成，抽象表示为有向无环图（DAG）。因此，可以将原来的工业应用中任务卸载决策转化为 DAG 应用中所有任务节点的卸载决策[9]。随着任务节点数量的增加，为 DAG 应用中所有任务节点寻找最优卸载方案会变得非常困难。现有的基于启发式算法的解决方案通常需要较大的计算开销，很难满足工业应用的低时延要求。此外，启发式算法或多或少需要专家知识，降低了模型设计的灵活性[10]。深度强化学习将强化学习与深度神经网络相结合，是一种很有前景的方法，可以在没有专家知识的情况下实现灵活和自适应的任务卸载[11]。

基于现有的研究工作，本节在工业边缘计算场景下，首先建立了系统模型和任务优先级，得出卸载调度顺序，保证工业应用中依赖任务卸载（DTO）按序执行；然后定义状态空间、动作空间和奖励函数，将依赖任务卸载转化为马尔可夫决策过程下的最优策略问题[12]；最后提出了基于序列到序列（Seq2Seq）的深度强化学习依赖任务卸载算法（SDRL-DTO）[13]。考虑到实际的工业应用任务，使用合成的 DAG 应用任务进行广泛实验，仿真结果验证了该方法在不同场景下实现近似最优的性能，SDRL-DTO 有效降低了依赖任务执行时延，提升了工业应用的响应速度，最大化服务质量。

7.2.2 系统模型和任务卸载问题表述

如图 7-3 所示，本节提出的工业边缘计算依赖任务卸载系统架构包含工业设备层、边缘层和边缘应用层三部分。在工业设备层中部署的各种 IIoT 设备（如传感器、执行器、机械臂等），可以准确感知 IIoT 场景中的生产，并且每个设备都有需要计算的计算密集型任务。由于 IIoT 设备在生产环境中的计算能力有限，工业依赖任务可以通过有线传输迁移到位于边缘层的 EIC。然而，EIC 的计算能力和存储容量相对较少，面对网络边缘的数据爆炸，EIC 可能无法同时满足所有任务的低时延高可靠计算需求。位于边缘层的边缘计算服务器（ECS）拥有丰富的资源，可以为 EIC 提供实时可信的计算服务。在这项工作中，忽略设备和 EIC 之间的交互过程，卸载位置只有 ECS 和 EIC，每个 EIC 都包含大量计算密集型任务，这些任务可以在 EIC 上本地运行，也可以通过有线传输卸载到 ECS。

本节采用 DAG 对工业应用中的依赖任务进行建模，其顶点代表工业任务，有向边代表任务间固有的依赖关系，任务只有在其所有的前置任务都完成之后才开始执行[14]。假设工业应用 DAG 中的所有任务都可以卸载到 ECS 或在 EIC 上本地运行。ECS 接收卸载的任务并逐一执行这些任务。在完成每个任务的执行之后，处理结果被返回到 EIC。因此，任务的卸载时延包括上传任务数据、在服务器上执行任务及下载执行结果的时延。DAG 中每个任务所需的 CPU 周期和传输数据大小（上行链路和下行链路）是先验已知的。通过 SDRL-DTO 得出 DAG 中所有任务的卸载决策序列。卸载问题是寻找一个总时延最小的卸载决策序列。一个 DAG 应用的计算总时延表示如下：

$$T_{\text{total}} = \max_{v_i \in \text{exit}(G)} \left\{ \max \left\{ \text{CT}_{i,u}, \text{CT}_{i,\text{dl}} \right\} \right\} \tag{7-1}$$

式中，v_i 为 DAG 应用中第 i 个任务；$\text{exit}(G)$ 为 DAG 中退出任务集合；$\text{CT}_{i,u}$ 为 DAG 的第 i 个任务在 EIC 上的完成时间；$\text{CT}_{i,\text{dl}}$ 为 DAG 的第 i 个任务计算结果下载完成时间。算法设计目标是最小化计算总时延，同时在任务调度前设定优先级，保证 DAG 应用中的任务按序执行。

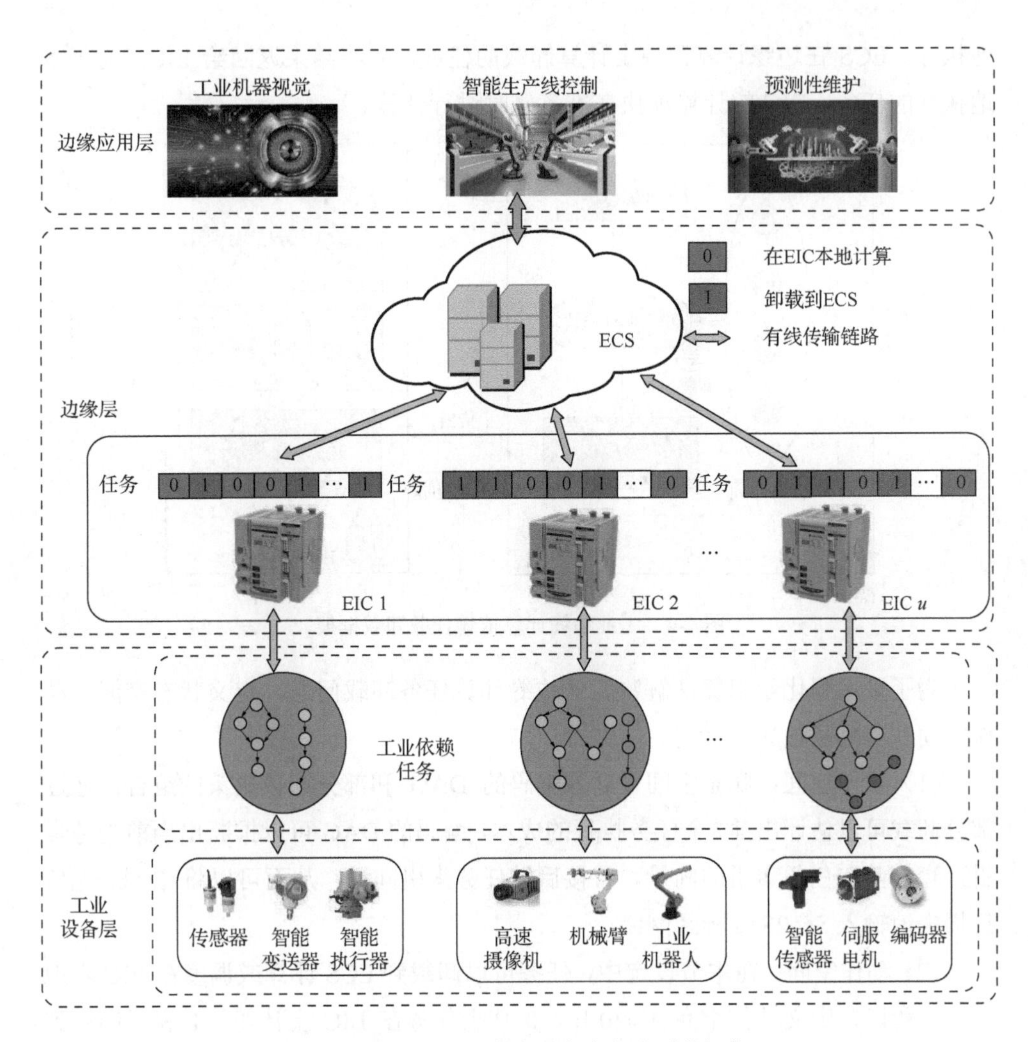

图 7-3　工业边缘计算依赖任务卸载系统架构

7.2.3　依赖任务卸载算法

如图 7-4 所示，所提出的 SDRL-DTO 方案包含多个协同完成任务调度的模块。特别地，DAG 任务模块和卸载训练模块嵌入到 ECS 中，并且分别用于从 EIC 收集 DAG 和执行训练过程。经过训练的 Seq2Seq 神经网络嵌入到卸载调度模块中，该模块为 EIC 上的工业任务做出卸载决策。位于 ECS 上的卸载训练模块定期从 EIC 收集 DAG，以训练 Seq2Seq 神经网络。在工业生产停止阶段，卸载训练模块运行训练过程。ECS 将经过训练的神经网络部署到 EIC。随后，EIC 可以通过 Seq2Seq 神经网络的前向传播做出卸载决策，任务可以卸载到 ECS 或在 EIC 上本地执行。ECS 在边缘计算模块上计算卸载的任务，并将结果返回给 EIC。对于本地执行的任务，EIC 的计算模块在准备好时进行计算。

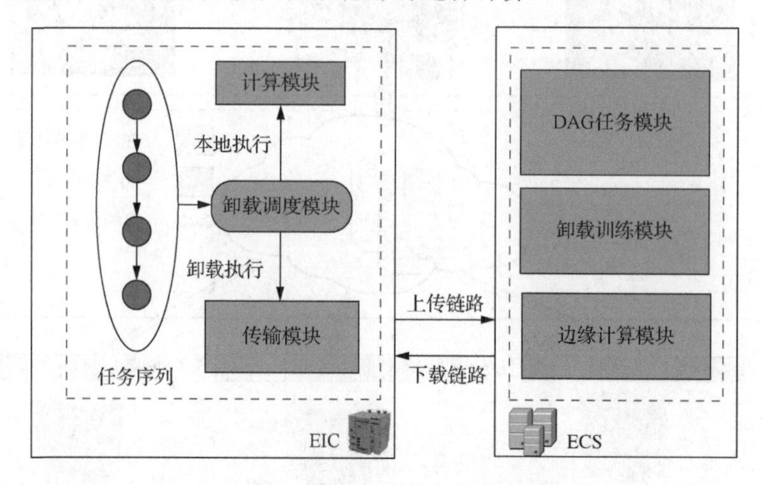

图 7-4 工业边缘计算依赖任务卸载框架

为了采用强化学习算法解决工业边缘计算任务卸载问题，定义状态空间、动作空间和奖励函数如下[15, 16]。

（1）状态空间：状态空间设计为编码的 DAG 和部分卸载决策的组合。通过部分卸载可以估计出前 i 个任务执行的成本，编码的 DAG 可以推断出当前任务索引，直接前向任务索引的向量，直接后继任务索引向量，从而可以将 DAG 无信息损失地输入 Seq2Seq 神经网络。

（2）动作空间：在本节设定中，任务可以卸载到 ECS 计算或调度在 EIC 本地运行。所以，定义动作空间 $A=\{0,1\}$，0 代表任务在 EIC 上计算，1 表示卸载到 ECS 执行。

（3）奖励函数：卸载问题目标是最小化任务的总时延，将奖励函数设计为调度决策后的负增量，利用强化学习算法学习最优卸载策略来最大化累积奖励，达到最小化应用计算时延的目标。

7.3 身份认证技术

7.3.1 概述

边缘智能控制器可以实现终端设备运动控制、数据采集和处理、与边缘服务器连接实现智能生产线控制等。显然，边缘智能控制器已成为边缘控制系统中的核心组件，其安全和可信运行对边缘计算的发展和推广有着重要的意义和影响。然而，由于边缘智能控制器是一个崭新的概念，目前围绕边缘智能控制器安全与可信运行相关问题的研究较少，大多数研究围绕通用边缘计算安全与可信问题展开[17-20]，所以对于边缘智能控制器尚未形成有针对性的安全和可信运行机制。身份认证是工业物联网安全保障的重要组成部分，它是整个工业物联网系统中各个角色建立安全与信任的方式[21]。因此，面向边缘智能控制器的认证机制研究具有重要的理论研究意义与实际的工程应用价值。

群签名由于匿名化等特性，越来越广泛地应用在物联网领域。Lai 等[22]提出了一种面向漫游服务的具有访问链接能力的条件隐私保护认证，能为物联网中的用户提供灵活且多层次的隐私保护。但是，该认证方案不具有前向安全性和高效可撤销性的安全属性。当撤销用户时，该方案需要更新一组用户的私钥，然后更新群公钥，广播群公钥，整个过程复杂而低效。广播群公钥时，需要占用相对较多的通信资源。Sudarsono 等[23]使用基于配对的验证者-本地撤销群签名方案，提出了一种匿名认证方案，该方案能够实现网关节点对无线节点（传感器节点）的匿名认证。然而，该认证方案不具备前向安全性、抵御重放攻击和高效可撤销性的安全属性，同时该方案的签名长度相对较长，这会占用较多的通信资源和存储空间。Esposito 等[24]提出了一个基于群签名设计的认证方案，并将该方案应用于基于主题发布/订阅服务模型的传感器网络中。然而，该认证方案也不具备前向安全性、高效可撤销性和抵御重放攻击的安全属性，而且在成员撤销时间和能源消耗方面是比较大的。Hsu 等[25]介绍了一个基于边缘计算的可重构安全框架，基于该框架设计了一个用于匿名认证的可重构安全方案。然而，该方案同样不具备前向安全性、高效可撤销性和抵御重放攻击的安全属性。Rui 等[26]在物联网感知网络中，提出了基于群签名设计的感知节点可信度量方案和可信群构建机制。但是，该方案只是提出设计，没有用实际设备模拟其性能。Funderburg 等[27]基于改进的群签名提出了一个车载自组网安全认证方案，该方案通过使用缓存计算来减少配对运算，提高签名与验证的效率。但是该方案没有用真实世界的流量数据来模拟车载自组网和群签名所涉及的实际性能问题。Cui 等[28]面向工业物联网利用群签名技术和代理重加密技术设计了一个匿名的消息认证方案。但是，该方案不能抵御重放攻击，这将会被攻击者利用，破坏认证的正确性。

针对工业物联网设备资源受限的问题，比如计算能力和存储能力受限，需要设计轻量级的认证方案。Sun 等[29]面向智能家庭网络设计了一个轻量级身份认证和密钥协商方案，该方案是基于哈希函数和对称加密算法设计的，其计算复杂度低。但是该方案不支持匿名，用户和服务器的身份信息没有经过任何匿名化处理，直接在网络上传输。Esfahani 等[30]提出了一种 M2M 轻量级认证协议，该协议仅基于哈希函数和异或运算设计，计算成本低。但是该认证协议不支持前向安全性，一旦当前的预共享密钥泄漏，将会导致过去的会话密钥泄漏。Zhang 等[31]面向智能电网设计了一种轻量级匿名认证和密钥协商方案，该方案实现了智能电表和服务提供商之间的双向认证。但是该认证方案不能抵御 DoS 攻击，其没有提供抵御 DoS 攻击的措施，比如添加时间戳，时间戳机制可用于抵御 DoS 攻击[32]。Jan 等[33]面向智慧医疗提出了一个轻量级认证方案，该方案仅基于哈希函数和异或运算设计，能够建立一个可穿戴设备、网关和远程服务器之间的安全会话。但是该认证方案具有局限性，因为可穿戴设备的注册阶段是离线完成的，所以在运行环境中的验证会受限，而且该认证方案不具有前向安全性，这会对会话密钥造成一定的影响。Ehui 等[34]提出了一个传感器节点与网关相互认证的轻量级方案，该方案是用哈希函数、对称加/解密算法和基于哈希的消息验证码设计的，适用于资源受限的设备。

本章提出了基于群签名的身份认证技术[35]和轻量级身份认证技术[36]。

7.3.2 基于群签名的身份认证技术

1. 系统模型

在工业控制场景中，边缘智能控制器和边缘服务器之间的身份认证是最基本的安全问题之一。身份认证可以有效避免入侵者伪造成边缘智能控制器与边缘服务器进行连接与交互，防止工业控制场景中敏感信息的泄漏。基于群签名的身份认证系统架构如图 7-5 所示。

图 7-5 中主要有三类参与方：边缘智能控制器、边缘服务器和密钥服务器。密钥服务器是工业控制环境中的一个独立、高度安全的实体，是一种可信服务器。此外，密钥服务器具有强大的计算能力和较大的存储空间，它在工业控制环境中生成系统参数和密钥，并将其发送给相应实体。

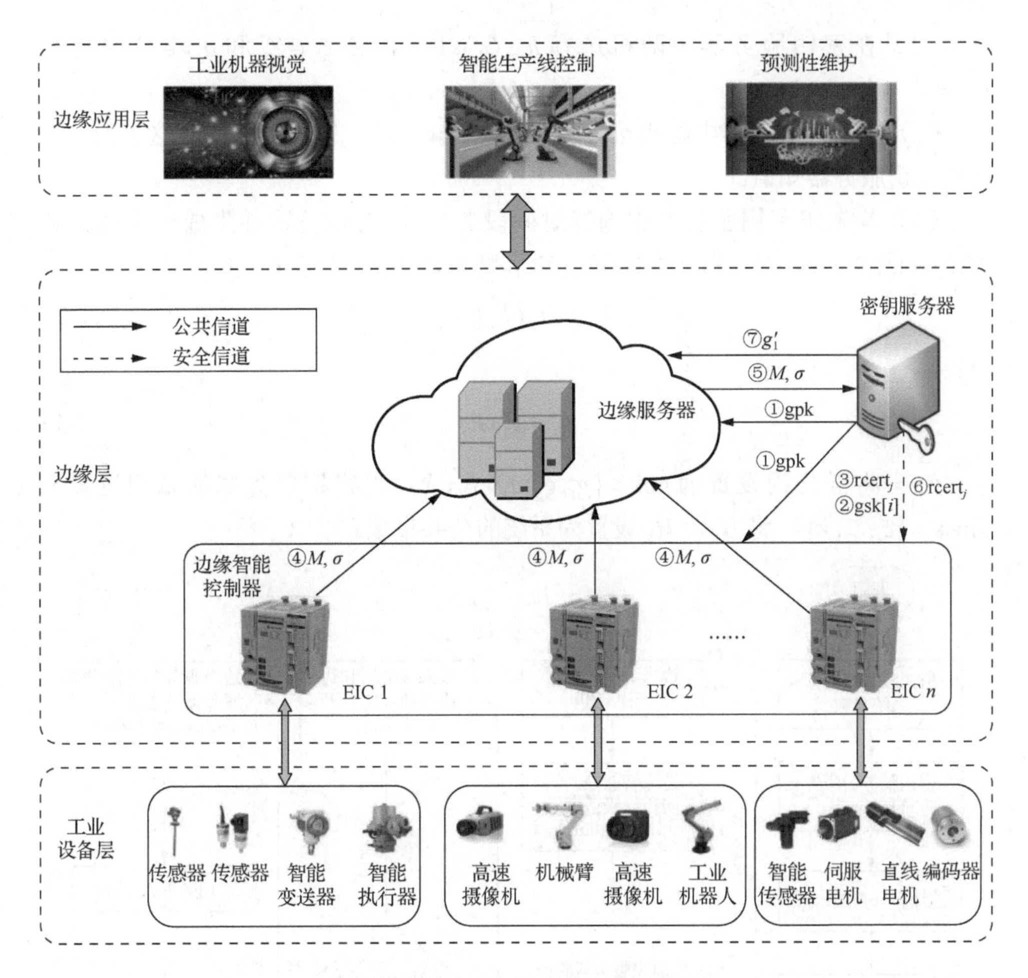

图 7-5　基于群签名的身份认证系统架构

2. 认证方案设计

本认证方案可以分为七个主要阶段：系统建立、成员加入、成员密钥与证书更新、签名、验证、打开签名和成员撤销。图 7-6 是整个认证方案的流程图。

1）系统建立

建立本认证方案的系统主要是在密钥服务器上进行的，通过选择系统参数，最终设置好群公钥和密钥服务器的私钥，具体流程如下。

（1）在密钥服务器中选择椭圆曲线上阶为大素数 p 的乘法循环群 G_1、G_2 和 G_T，设 g_1 和 g_2 分别是 G_1 和 G_2 的生成元，设置可计算同构映射 $\psi: G_2 \to G_1$，令 $g_1 = \psi(g_2)$，e 为可计算的双线性对 $e: G_1 \times G_2 \to G_T$，$H_1$ 和 H_2 为安全且抗碰撞的哈希函数 $H_1: \{0,1\}^* \to Z_p^*$，$H_2: \{0,1\}^* \to G_1$。

（2）在密钥服务器中随机选择 $h \in G_1 \setminus \{1_{G_1}\}$，$\xi_1, \xi_2 \in Z_p^*$ 和 $u, v \in G_1$，使得 $u^{\xi_1} = v^{\xi_2} = h$。

（3）在密钥服务器中随机选择 $\gamma \in Z_p^*$，令 $w = g_2^{\gamma}$，需要注意的是这里的 γ 只允许密钥服务器知道。

（4）首先在密钥服务器中选择时间段 $T_j\left(j=1,2,3,\cdots\right)$，并生成一个随机数 $N_j\left(j=1,2,3,\cdots\right)$，对于每一个时间段 T_j 和随机数 N_j，计算 R_j：

$$R_j = H_2\left(T_j \parallel N_j\right) \tag{7-2}$$

然后计算 g_1'：

$$g_1' = g_1 \cdot R_j \tag{7-3}$$

（5）将群公钥设置为 $\text{gpk} = \left(g_1', g_2, u, v, h, w\right)$，将密钥服务器的私钥设置为 $\text{gmsk} = \left(\xi_1, \xi_2, \gamma\right)$，将 H_1、H_2 设置为系统的公共参数。

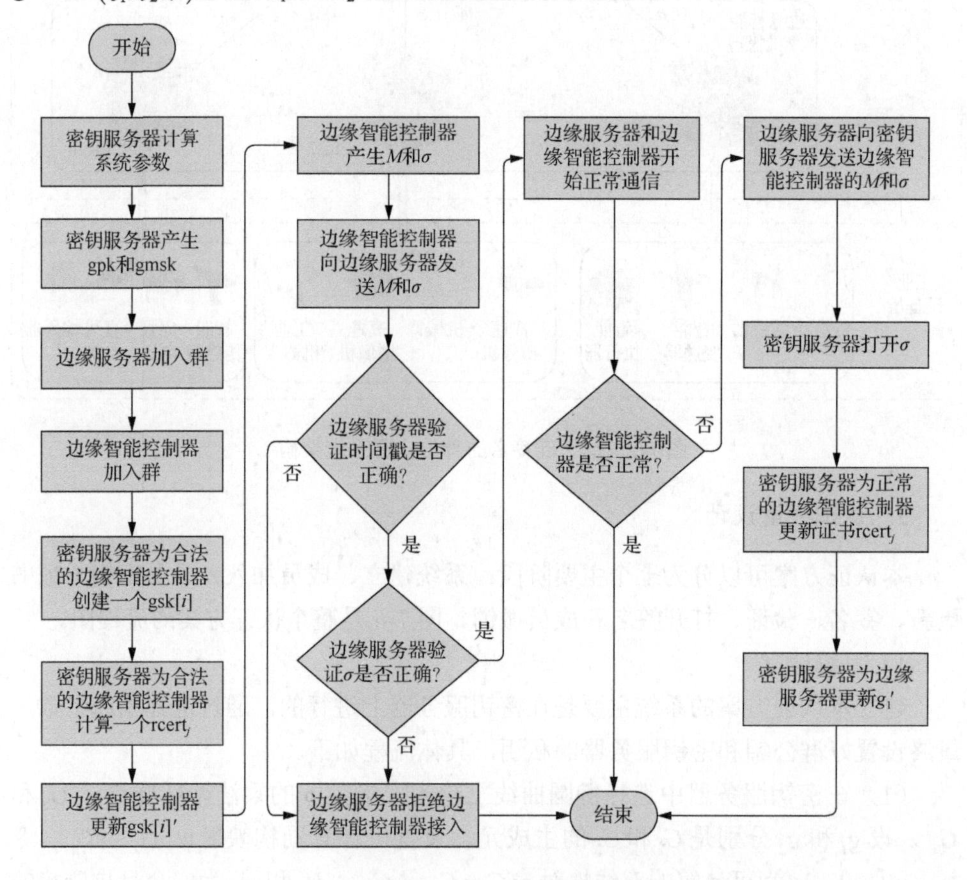

图 7-6 认证方案流程图

2）成员加入

边缘服务器作为合法成员加入群，只有合法的边缘服务器才能验证签名。

当边缘智能控制器 i 作为合法成员想加入群时，密钥服务器为其生成相应的私钥，具体流程如下。

（1）在密钥服务器中随机选择 $x_i \in Z_{\mathrm{p}}^*$，并计算 A_i：

$$A_i = g_1^{\frac{1}{\gamma + x_i}} \in G_1 \tag{7-4}$$

（2）设置边缘智能控制器 i 的私钥为 $\mathrm{gsk}[i] = (A_i, x_i)$，与此同时密钥服务器将私钥 (A_i, x_i) 秘密地发送给边缘智能控制器 i。

3）成员密钥与证书更新

在 T_j 时间段内，边缘智能控制器 i 更新其私钥，具体流程如下。

（1）密钥服务器计算更新证书 rcert_j：

$$\mathrm{rcert}_j = R_j^{\frac{1}{\gamma + x_i}} \tag{7-5}$$

并将更新证书 rcert_j 秘密地发送给边缘智能控制器 i。

（2）边缘智能控制器 i 将其私钥更新为 $\mathrm{gsk}[i]' = (A_i', x_i)$，其中 $A_i' = A_i \cdot \mathrm{rcert}_j$。

4）签名

在时间段 T_j 内，对于群成员私钥为 $\mathrm{gsk}[i]' = (A_i', x_i)$ 的边缘智能控制器，最终输出消息 M 的签名 $\sigma = (T_1, T_2, T_3, c, s_{\alpha\beta}, s_{x_i}, s_{\delta_1}, s_{\delta_2})$，并将消息 M 和签名 σ 发送给边缘服务器。本认证方案的签名算法如算法 7-1 所示。

算法 7-1　签名算法

输入： 群公钥 gpk，边缘智能控制器私钥 $\mathrm{gsk}[i]'$，

消息 $M = (\mathrm{AuthRequest} \,\|\, \mathrm{Timestamp\_t_1})$。

输出： 签名 $\sigma = (T_1, T_2, T_3, c, s_{\alpha\beta}, s_{x_i}, s_{\delta_1}, s_{\delta_2})$。

1：初始化 $\alpha, \beta, r_\alpha, r_\beta, r_{x_i}, r_{\delta_1}, r_{\delta_2} \leftarrow Z_{\mathrm{p}}^*$；

2：计算 $\delta_1 = x_i\alpha$，$\delta_2 = x_i\beta$，$T_1 = u^\alpha$，$T_2 = v^\beta$，$T_3 = A_i' h^{\alpha+\beta}$；

3：计算 $R_1 = e(T_3, g_2)^{r_{x_i}} \cdot e(h, w)^{-r_\alpha - r_\beta} \cdot e(h, g_2)^{-r_{\delta_1} - r_{\delta_2}}$，

$R_2 = T_1^{r_{x_i}} \cdot u^{-r_{\delta_1}}$，$R_3 = T_2^{r_{x_i}} \cdot v^{-r_{\delta_2}}$；

4：计算挑战值 $c = H_1(M, T_1, T_2, T_3, R_1, R_2, R_3)$；

5：计算 $s_{\alpha\beta} = r_\alpha + r_\beta + c(\alpha + \beta)$，$s_{x_i} = r_{x_i} + cx_i$，

$s_{\delta_1} = r_{\delta_1} + c\delta_1$，$s_{\delta_2} = r_{\delta_2} + c\delta_2$；

6：**return** $\sigma = (T_1, T_2, T_3, c, s_{\alpha\beta}, s_{x_i}, s_{\delta_1}, s_{\delta_2})$

5）验证

在时间段 T_j 内，边缘服务器对消息 M 的签名 σ 的验证算法如算法 7-2 所示。

算法 7-2　验证算法

输入：群公钥 gpk，签名 σ，消息 M。

输出：接收或者拒绝。

1：**if** $\left(\text{Timestamp\_t}_2 - \text{Timestamp\_t}_1 < \Delta t\right)$

2：　计算 $R_1' = e\left(T_3, g_2\right)^{s_{x_i}} \cdot e\left(h, w\right)^{-s_{\alpha\beta}} \cdot e\left(h, g_2\right)^{-s_{\delta_1} - s_{\delta_2}} \cdot \left\{\dfrac{e\left(T_3, w\right)}{e\left(g_1', g_2\right)}\right\}^c$，

$R_2' = T_1^{s_{x_i}} \cdot u^{-s_{\delta_1}}$，$R_3' = T_2^{s_{x_i}} \cdot v^{-s_{\delta_2}}$；

3：　计算 $c' = H_1\left(M, T_1, T_2, T_3, R_1', R_2', R_3'\right)$；

4：　**if** $(c' = c)$　//验证签名是否合法有效

5：　　**return** "接收"；　//通过认证

6：　**else**

7：　　**return** "拒绝"；　//拒绝接入

8：　**end if**

9：**else**

10：　**return** "拒绝"；

11：**end if**

6）打开签名

如果某个边缘智能控制器发送消息 M 的签名 σ 频繁出现错误，或者检测出某个边缘智能控制器被恶意入侵，密钥服务器就可以利用打开签名算法来追溯它，进而撤销它。

边缘服务器把该边缘智能控制器的消息 M 和签名 σ 发送给密钥服务器。

密钥服务器使用私钥 $\text{gmsk} = \left(\xi_1, \xi_2, \gamma\right)$ 来打开消息 M 的签名 σ，本认证方案的打开签名算法如算法 7-3 所示。

算法 7-3　打开签名算法

输入：群公钥 gpk，密钥服务器的私钥 gmsk，签名 σ，消息 M。

输出：边缘智能控制器的编号 i 或者 False。

1：计算 c'

2：**if** $(c' = c)$　// 验证签名是否合法有效

3：　计算 $A_i' = T_3 / \left(T_1^{\xi_1} \cdot T_2^{\xi_2}\right)$；

4：　输出边缘智能控制器的编号 $i \leftarrow A_i'$；

5：　**return** i；

6：**else**

7：　**return** False；

8：**end if**

7）成员撤销

在本认证方案中，边缘智能控制器的撤销是通过密钥服务器实现的，具体流程如下。

（1）密钥服务器通过打开签名算法将需要撤销的边缘智能控制器记录下来，之后不再更新其证书。

（2）密钥服务器更新不需要撤销的边缘智能控制器的证书 rcert_j：

$$\text{rcert}_j = R_j^{\frac{1}{\gamma + x_i}} = H_2\left(T_j \parallel N_j\right)^{\frac{1}{\gamma + x_i}} \tag{7-6}$$

并将其秘密地发送给相应的边缘智能控制器。

（3）密钥服务器计算 g_1'：

$$g_1' = g_1 \cdot R_j = g_1 \cdot H_2\left(T_j \parallel N_j\right) \tag{7-7}$$

并将其发送给边缘服务器。

7.3.3　轻量级身份认证技术

1．系统模型

边缘控制系统中的终端设备，比如智能仪器仪表和工业机器人等，需要和边缘智能控制器进行敏感的信息交流。因此，边缘智能控制器和终端设备之间的身份认证是最基本的安全问题之一，是边缘控制系统安全防御中不可或缺的一部分。在边缘控制系统中加入身份认证技术，可以有效地防止恶意攻击者伪造成合法设备入侵边缘控制系统并窃取边缘控制系统内部的敏感数据。

本节提出的轻量级认证方案的系统架构如图 7-7 所示。该认证方案有三类参与者，分别是边缘智能控制器、终端设备和可信服务器。其中边缘智能控制器能够接收终端设备采集的数据并进行处理和分析，控制终端设备执行指令。终端设备是资源受限的设备，这些设备负责采集数据和执行指令。可信服务器是一个具有高安全性和独立性的实体，同时，可信服务器具有强大的存储能力和计算能力，它能在边缘控制系统中生成系统所需要的安全参数，并将其发送给相应的实体。

为了保护敏感数据，终端设备和边缘智能控制器需要相互认证，相互认证成功之后，终端设备和边缘智能控制器协商出会话密钥，此会话密钥可用于双方之后的安全通信。

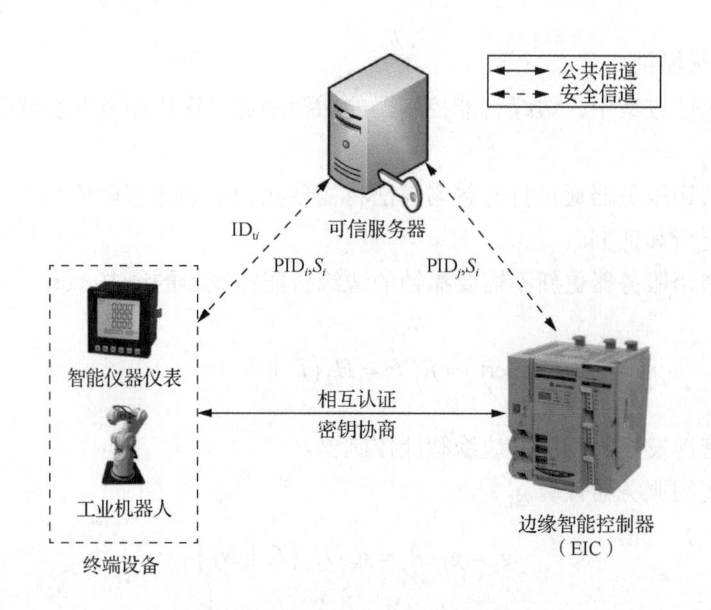

图 7-7 轻量级认证方案的系统架构

2. 认证方案设计

本节将详细描述面向边缘控制系统的轻量级认证机制的具体方案。该轻量级认证方案包括两个阶段。

（1）注册阶段。终端设备向可信服务器注册，得到秘密值与伪标识，秘密值与伪标识将会被用来与边缘智能控制器进行相互认证。同时，可信服务器为边缘智能控制器生成其伪标识，并将秘密值与伪标识发送给边缘智能控制器。

（2）相互认证阶段。终端设备与边缘智能控制器进行相互认证并生成会话密钥。

1）注册阶段

每一个终端设备都要与可信服务器执行注册流程。利用安全信道，终端设备 i 和边缘智能控制器 j 与可信服务器做如下信息交互，图 7-8 表示了注册阶段的整个流程。

（1）终端设备 i 通过安全信道将其标识 ID_{ti} 传输到可信服务器。

（2）首先可信服务器接收到终端设备 i 的标识 ID_{ti} 后，生成一个随机数 r_s，并计算 S_i：

$$S_i = h\left(ID_{ti} \parallel r_s\right) \tag{7-8}$$

然后可信服务器为终端设备 i 随机生成一个伪标识 PID_i，将 $\left(PID_i, S_i\right)$ 通过安全信道发送给该终端设备。

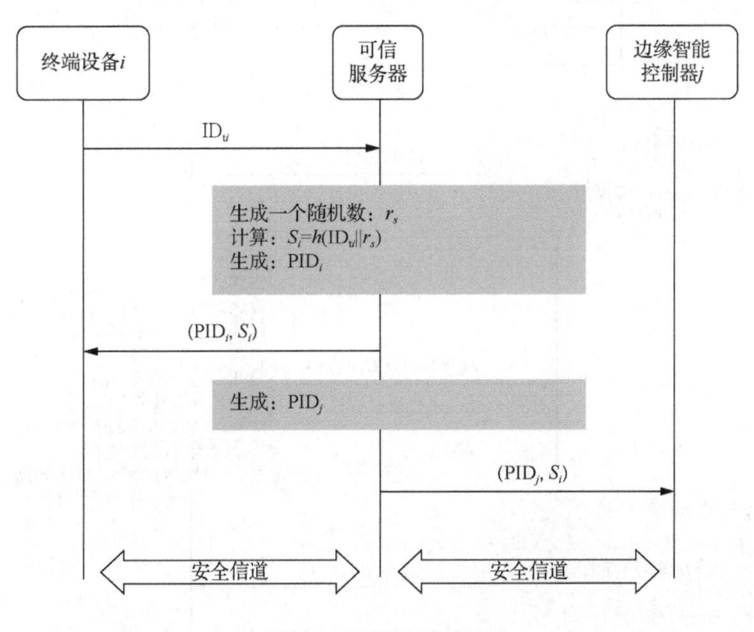

图 7-8　注册阶段流程

（3）可信服务器为边缘智能控制器 j 随机生成一个伪标识 PID_j，将 $\left(\mathrm{PID}_j, S_i\right)$ 通过安全信道发送给该边缘智能控制器。

（4）终端设备 i 和边缘智能控制器 j 以安全的方式存储 S_i。

2）相互认证阶段

在这个阶段，终端设备与边缘智能控制器进行相互识别，完成认证。需要注意的是终端设备不使用其真实身份进行身份认证。因此，终端设备 i 的 ID_{ti} 不能被恶意攻击者窃听或者获取。认证过程包括以下步骤，图 7-9 表示了该阶段的整个流程。

（1）首先终端设备 i 生成一个随机数 r_t 和一个时间戳 T_1，并计算以下内容：

$$C_1 = h\left(\mathrm{PID}_i \| S_i \| T_1\right) \oplus r_t \tag{7-9}$$

$$C_2 = h\left(r_t \| T_1 \| S_i\right) \tag{7-10}$$

然后把消息 $M_1 = \left(T_1, \mathrm{PID}_i, C_1, C_2\right)$ 发送给边缘智能控制器 j。

（2）首先，在收到终端设备 i 的认证请求之后，边缘智能控制器 j 生成一个时间戳 T_2，验证 $\left|T_2 - T_1\right| \leqslant \Delta T$，其中 ΔT 为终端设备和边缘智能控制器之间约定的延迟时间，如果不在延迟时间内，立即终止通信。如果在延迟时间内，边缘智能控制器 j 计算 r_t：

$$r_t = C_1 \oplus h\left(\mathrm{PID}_i \| S_i \| T_1\right) \tag{7-11}$$

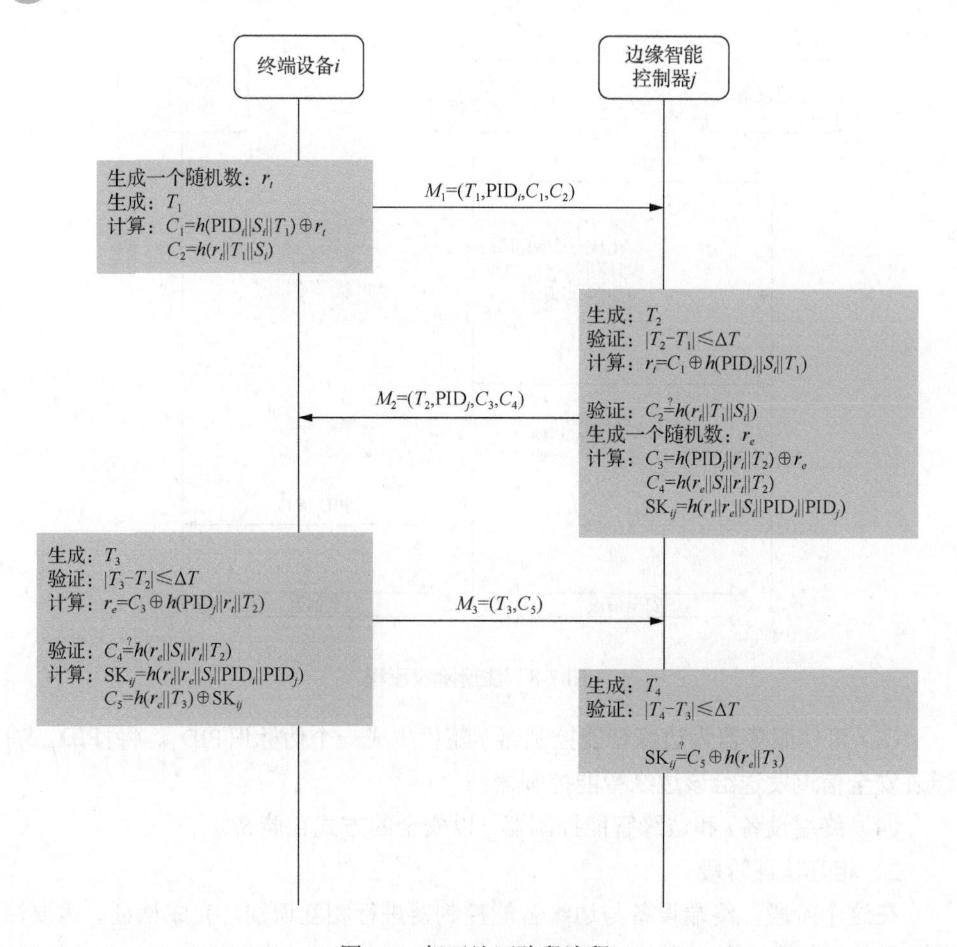

图 7-9 相互认证阶段流程

然后，验证 $C_2\overset{?}{=}h\left(r_t\parallel T_1\parallel S_i\right)$。如果验证为假，认证请求被拒绝，边缘智能控制器 j 则终止通信；如果验证为真，边缘智能控制器 j 生成一个随机数 r_e，并计算 C_3、C_4 和会话密钥 SK_{ij}：

$$C_3=h\left(\mathrm{PID}_j\parallel r_t\parallel T_2\right)\oplus r_e \tag{7-12}$$

$$C_4=h\left(r_e\parallel S_i\parallel r_t\parallel T_2\right) \tag{7-13}$$

$$\mathrm{SK}_{ij}=h\left(r_t\parallel r_e\parallel S_i\parallel \mathrm{PID}_i\parallel \mathrm{PID}_j\right) \tag{7-14}$$

最后，把消息 $M_2=\left(T_2,\mathrm{PID}_j,C_3,C_4\right)$ 发送给该终端设备。

（3）首先，终端设备 i 生成时间戳 T_3，验证 $\left|T_3-T_2\right|\leqslant\Delta T$。如果在延迟时间内，则计算 r_e：

$$r_e=C_3\oplus h\left(\mathrm{PID}_j\parallel r_t\parallel T_2\right) \tag{7-15}$$

然后，验证 $C_4 \stackrel{?}{=} h\left(r_e \| S_i \| r_t \| T_2\right)$。如果验证为假，说明边缘智能控制器 j 的认证请求有误，终端设备 i 则终止通信；如果验证为真，终端设备 i 则计算会话密钥 SK_{ij} 和 C_5：

$$\mathrm{SK}_{ij} = h\left(r_t \| r_e \| S_i \| \mathrm{PID}_i \| \mathrm{PID}_j\right) \tag{7-16}$$

$$C_5 = h\left(r_e \| T_3\right) \oplus \mathrm{SK}_{ij} \tag{7-17}$$

最后，把消息 $M_3 = \left(T_3, C_5\right)$ 发送给该边缘智能控制器。

（4）边缘智能控制器 j 生成时间戳 T_4，验证 $\left|T_4 - T_3\right| \leqslant \Delta T$。如果在延迟时间内，则使用步骤（2）生成的会话密钥 SK_{ij} 验证 $\mathrm{SK}_{ij} \stackrel{?}{=} C_5 \oplus h\left(r_e \| T_3\right)$。如果验证为假，该边缘智能控制器则终止通信；如果验证为真，则意味着该终端设备拥有合法的会话密钥。

7.4　本章小结

针对 EIC 的计算能力、存储空间相对较小和不能为工业应用提供低时延、高可靠的计算服务等问题，本章利用工业边缘计算技术，提出了 SDRL-DTO 方案用于解决工业应用中依赖任务按序卸载。具体来说，DAG 任务模块和卸载训练模块嵌入到 ECS 中，并且分别用于从 EIC 收集 DAG 和执行训练过程。经过训练的 Seq2Seq 神经网络嵌入到卸载调度模块中。该模块为 EIC 上的工业任务做出卸载决策，将 EIC 上的计算密集型任务卸载到边缘计算服务器运行，实现低成本计算，降低工业应用的响应时间。

针对边缘智能控制器尚未形成有针对性的安全和可信运行机制的现状，本章提出了基于群签名的身份认证技术，主要通过七个阶段进行认证：系统建立、成员加入、成员密钥与证书更新、签名、验证、打开签名和成员撤销，解决了边缘智能控制器和边缘服务器之间的身份认证问题。同时，本章还提出了轻量级身份认证技术，通过注册阶段和相互认证阶段解决了边缘智能控制器和终端设备之间的身份认证问题。

参 考 文 献

[1] Qiu T, Chi J C, Zhou X B, et al. Edge computing in industrial internet of things: Architecture, advances and challenges[J]. IEEE Communications Surveys & Tutorials, 2020, 22(4): 2462-2488.

[2] Dai W B, Nishi H, Vyatkin V, et al. Industrial edge computing: Enabling embedded intelligence[J]. IEEE Industrial Electronics Magazine, 2019, 13(4): 48-56.

[3] Luo Q Y, Hu S H, Li C L, et al. Resource scheduling in edge computing: A survey[J]. IEEE Communications Surveys & Tutorials, 2021, 23(4): 2131-2165.

[4] Dai X X, Xiao Z, Jiang H B, et al. Task co-offloading for D2D-assisted mobile edge computing in industrial internet of things[J]. IEEE Transactions on Industrial Informatics, 2022, 19(1): 480-490.

[5] Cai J, Fu H J, Liu Y. Multi-task multi-objective deep reinforcement learning-based computation offloading method for industrial internet of things[J]. IEEE Internet of Things Journal, 2022, 10(2): 1848-1859.

[6] Wei D W, Xi N, Ma X D, et al. Personalized privacy-aware task offloading for edge-cloud-assisted industrial internet of things in automated manufacturing[J]. IEEE Transactions on Industrial Informatics, 2022, 18(11): 7935-7945.

[7] Chen Y, Liu Z Y, Zhang Y C, et al. Deep reinforcement learning-based dynamic resource management for mobile edge computing in industrial internet of things[J]. IEEE Transactions on Industrial Informatics, 2020, 17(7): 4925-4934.

[8] Wang J, Hu J, Min G Y, et al. Computation offloading in multi-access edge computing using a deep sequential model based on reinforcement learning[J]. IEEE Communications Magazine, 2019, 57(5): 64-69.

[9] Wang J, Hu J, Min G Y, et al. Fast adaptive task offloading in edge computing based on meta reinforcement learning[J]. IEEE Transactions on Parallel and Distributed Systems, 2020, 32(1): 242-253.

[10] Tang C G, Zhu C S, Zhang N, et al. SDN-assisted mobile edge computing for collaborative computation offloading in industrial internet of things[J]. IEEE Internet of Things Journal, 2022, 9(23): 24253-24263.

[11] Zhang W T, Yang D, Peng H X, et al. Deep reinforcement learning based resource management for DNN inference in industrial IoT[J]. IEEE Transactions on Vehicular Technology, 2021, 70(8): 7605-7618.

[12] Chen J W, Yang Y J, Wang C Y, et al. Multitask offloading strategy optimization based on directed acyclic graphs for edge computing[J]. IEEE Internet of Things Journal, 2021, 9(12): 9367-9378.

[13] 尚文利，蒋振榜，揭海，等. 一种面向边缘智能控制器的依赖任务卸载和隐私保护方法: CN116595575A[P]. 2023-08-15.

[14] Chai F R, Zhang Q, Yao H P, et al. Joint multi-task offloading and resource allocation for mobile edge computing systems in satellite IoT[J]. IEEE Transactions on Vehicular Technology, 2023, 72(6): 7783-7795.

[15] Zhou H, Jiang K, Liu X X, et al. Deep reinforcement learning for energy-efficient computation offloading in mobile-edge computing[J]. IEEE Internet of Things Journal, 2021, 9(2): 1517-1530.

[16] Lin X, Wang Y Z, Xie Q, et al. Task scheduling with dynamic voltage and frequency scaling for energy minimization in the mobile cloud computing environment[J]. IEEE Transactions on Services Computing, 2014, 8(2): 175-186.

[17] Liu H, Zhang Y, Yang T. Blockchain-enabled security in electric vehicles cloud and edge computing[J]. IEEE Network, 2018, 32(3): 78-83.

[18] 宁振宇，张锋巍，施巍松. 基于边缘计算的可信执行环境研究[J]. 计算机研究与发展, 2019, 56(7): 1441-1453.

[19] 乐光学，戴亚盛，杨晓慧，等. 边缘计算可信协同服务策略建模[J]. 计算机研究与发展，2020, 57(5): 1080-1102.

[20] Qiu M K, Kung S Y, Gai K K. Intelligent security and optimization in edge/fog computing[J]. Future Generation Computer Systems, 2020, 107: 1140-1142.

[21] Bedari A, Wang S, Yang W C. A secure online fingerprint authentication system for industrial IoT devices over 5G networks[J]. Sensors, 2022, 22(19): 7609.

[22] Lai C Z, Li H, Liang X H, et al. CPAL: A conditional privacy-preserving authentication with access linkability for roaming service[J]. IEEE Internet of Things Journal, 2014, 1(1): 46-57.

[23] Sudarsono A, Al Rasyid M U H. An anonymous authentication system in wireless networks using verifier-local revocation group signature scheme[C]. 2016 International Seminar on Intelligent Technology and Its Applications (ISITIA), Lombok, 2016: 49-54.

[24] Esposito C, Castiglione A, Palmieri F, et al. Integrity for an event notification within the industrial internet of things by using group signatures[J]. IEEE Transactions on Industrial Informatics, 2018, 14(8): 3669-3678.

[25] Hsu R H, Lee J, Quek T Q S, et al. Reconfigurable security: Edge-computing-based framework for IoT[J]. IEEE Network, 2018, 32(5): 92-99.

[26] Xi R, Zhu J H, Liu X, et al. Trusted group construction mechanism based on trusted management[C]. 2021 2nd Asia Symposium on Signal Processing (ASSP), Beijing, 2021: 135-147.

[27] Funderburg L E, Lee I Y. Efficient short group signatures for conditional privacy in vehicular Ad Hoc networks via ID caching and timed revocation[J]. IEEE Access, 2021, 9: 118065-118076.

[28] Cui J, Wang F Q, Zhang Q Y, et al. Anonymous message authentication scheme for semitrusted edge-enabled IIoT[J]. IEEE Transactions on Industrial Electronics, 2021, 68(12): 12921-12929.

[29] Sun X B, Men S, Zhao C L, et al. A security authentication scheme in machine-to-machine home network service[J]. Security and Communication Networks, 2015, 8(16): 2678-2686.

[30] Esfahani A, Mantas G, Matischek R, et al. A lightweight authentication mechanism for M2M communications in industrial IoT environment[J]. IEEE Internet of Things Journal, 2019, 6(1): 288-296.

[31] Zhang L P, Zhao L C, Yin S J, et al. A lightweight authentication scheme with privacy protection for smart grid communications[J]. Future Generation Computer Systems, 2019, 100: 770-778.

[32] Xiao S Y, Ge X H, Han Q L, et al. Secure distributed adaptive platooning control of automated vehicles over vehicular Ad-Hoc networks under denial-of-service attacks[J]. IEEE Transactions on Cybernetics, 2022, 52(11): 12003-12015.

[33] Jan M A, Khan F, Mastorakis S, et al. LightIoT: Lightweight and secure communication for energy-efficient IoT in health informatics[J]. IEEE Transactions on Green Communications and Networking, 2021, 5(3): 1202-1211.

[34] Ehui B B, Han Y, Guo H, et al. A lightweight mutual authentication protocol for IoT[J]. Journal of Communications and Information Networks, 2022, 7(2): 181-191.

[35] Cao Z, Chen Z, Shang W L, et al. Efficient revocable anonymous authentication mechanism for edge intelligent controllers[J]. IEEE Internet of Things Journal, 2023, 10(12):10357-10367.

[36] Shang W L,Wen X D,Chen Z, et al. Lightweight authentication scheme for edge control systems in industrial Internet of things[J/OL]. Frontiers of Information Technology and Electronic Engineering, 2024. [2024-11-5]. DOI: https://doi.org/10.1631/FITEE.2400497.